PRAXISHILFEN FÜR DEN KINDERGARTEN

Renate Lüber
unter Mitarbeit
von Hildegard Enderle
und Hedwig Friedmann-Spath

Stichwort »Planung«

11

Als Beitrag zum Umweltschutz verzichten wir bei diesem Heft auf das Einschweißen und drucken den Textteil auf umweltfreundlichem, chlorfrei gebleichtem Papier.
Damit die Poster aus den Heften bis zum Gebrauch nicht herausfallen, werden sie in der Heftmitte geklammert. Bitte lösen Sie die mittlere Klammer vorsichtig und nehmen Sie die Poster heraus.

Herder Freiburg · Basel · Wien

Anmerkungen
Eigene Ideen
Notizen

Willkommen, lieber Mai

Information

- Der Mai ist nach Maja, der römischen Göttin des Erdwachstums, benannt. Der alte deutsche Name für ihn ist Wonnemond.
Kein anderer Monat wird so viel besungen und beschrieben wie er.

- Er ist der Monat mit der größten Blütenpracht. Die Bäume blühen, und die Wiesen sind gelbgefärbt. In den Park- und den Grünanlagen steht alles in voller Blumenpracht. Bäume und Sträucher werden wieder grün. Der Frühling entfaltet seine volle Kraft.

- Seit Jahrhunderten wird der 1. Mai mit Liedern eingesungen.

- An vielen Orten werden Maibäume aufgestellt. Es gab sie bereits im 13. Jahrhundert als Zeichen der Fruchtbarkeit und der Lebenserneuerung. Meistens sind es Fichten (seltener Birken), deren Stamm geschält wird, so daß oben nur eine kleine Krone bleibt. Unter diese wird ein mit bunten Bändern geschmückter Kranz gehängt, der je nach Region noch mit Bildern, Eiern, Würsten, Schinken ... behangen wird, um die die Burschen der jeweiligen Gemeinde ein Wettklettern veranstalten. Oft werden unter dem Kranz am Fichtenstamm auch noch die Zunftschilder der ortsansässigen Handwerker befestigt.

- Um den Maibaum wurde früher der Maireigen getanzt. Heute findet der Tanz in den Mai in Gasthäusern oder Festzelten statt.

- Der Mai ist der Monat des Maikäfers. Seine Entwicklung vom Ei zur Larve (Engerling) und über das Verpuppen zum Käfer dauert vier Jahre. Als Engerling ernährt er sich von Wurzeln, als Käfer von den frischen Blättern der Laubbäume. Tritt er in großer Zahl auf, kann er Schaden an Pflanzen anrichten. Deshalb wurde er in der Vergangenheit mit chemischen Mitteln bekämpft, was zur Folge hatte, daß es heute nur noch wenige seiner Art gibt.

- Der Mai ist auch die Zeit des Maiglöckchens. Alle Teile dieser duftenden, in schattigen Wäldern wachsenden Pflanze sind giftig. Im Volksmund werden auch Frühlingsblumen wie der Löwenzahn und die Sumpfdotterblume als Maiblume bezeichnet.

- Im Mai trinkt man Maibowle, die mit Waldmeister, der noch nicht blühen darf, gewürzt wird.

- Der 1. Mai ist ein gesetzlicher Feiertag. Er wurde allgemein zum Tag der Arbeit erklärt.

- Am zweiten Sonntag im Mai feiert man Muttertag. Urheberin war Anna Jarvis, eine Frauenrechtlerin aus Philadelphia. Mit ihm wollte sie Anfang des Jahrhunderts den Müttern einen Ehrentag widmen. An diesem Tag soll die Mutter im Mittelpunkt ihrer Familie stehen, verwöhnt und beschenkt werden. In unserer heutigen Zeit stellt sich die Frage, ob es nicht sinnvoll wäre, einen Elterntag daraus zu machen. Und auch, ob man diesen besonders herausstellen muß, weil es wenig Sinn macht, nur einmal im Jahr an die Mutter bzw. die Eltern zu denken.

- Im Mai feiern wir auch Pfingsten. Für alle Christen ist es das Fest des Heiligen Geistes. An diesem Tag werden die Kirchen, die Häuser und die Ställe mit dem Maien geschmückt und die Felder gesegnet. Die Reitervereine veranstalten Springturniere und die Schützenvereine Preisschießen.
Um diese Zeit wird auch das Vieh wieder aus dem Stall auf die Weiden getrieben.

Anmerkungen
Eigene Ideen
Notizen

Gespräche

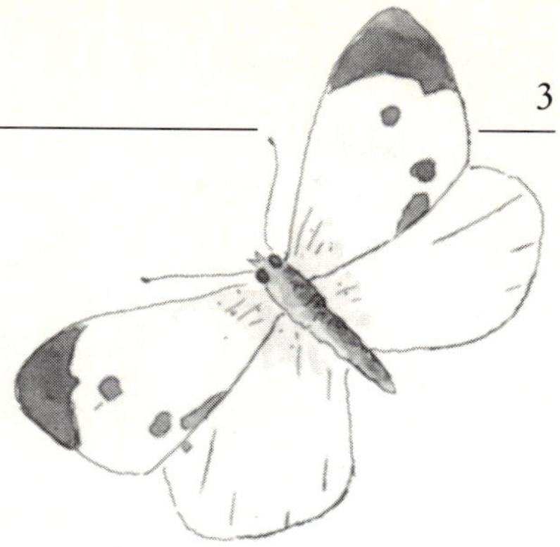

Für die Kinder ist der Mai der Blüten- und Blumenmonat, der Monat, in dem man wieder kurze Hosen und T-Shirts anziehen darf. Außerdem kann man wieder mehr und länger im Freien spielen.

Wir reden:

- Über die Blumen, die im Mai in den Gärten, auf den Wiesen und im Wald blühen.
- Über die Tiere, die wir im Wald, auf der Wiese und in unserem Garten sehen.
- Über das Wetter im Mai.
- Über verschiedene Bräuche im Mai, wie z.B. den Maibaum und den Maitanz.
- Über unser Maifest, das wir feiern wollen.

Ausgang

Wie bei den folgenden Themen „Schöpfung" und „Umwelt" unternehmen wir Spaziergänge in die Natur, z.B.

- über Wiesen (Wege)
- durch Wälder

und sehen uns an, was für Blumen, Sträucher und Bäume dort wachsen und was für Tiere da leben.

Wir machen einen Besuch in einem

- Bienenmuseum
- Naturkundemuseum
- wir sehen uns einen Bienenstock an, natürlich unter fachkundiger Leitung und entsprechender Zurückhaltung.

Tätigkeiten

Blumen aussäen

– Wir säen Blumen für ein Blumenbeet, eine Rabatte aus.
Hierfür eignen sich z.B. Sonnenblumen, Schleifenblumen, Levkojen, Schwarzkümmel und Studentenblumen, da man diese Pflanzen an Ort und Stelle aussäen kann.
Im Herbst sammeln wir die Samen der Blumen ein und säen sie im nächsten Frühjahr wieder aus.

Maibaum

– Wir stellen einen Maibaum auf. Je nach Größe auch im Sonnenschirmständer. Er wird geschmückt mit einem gebundenen und mit Bändern behangenen Kranz. Außerdem kommen an ihn die Zunftschilder, die wir beim Thema „Berufe", siehe Heft 10, Seite 21, gefertigt haben.
An unserem Maifest tanzen wir um ihn einen Maitanz.

Anmerkungen
Eigene Ideen
Notizen

Feiern

Maifest

Wir veranstalten ein „Maifest". Thema könnte z.B. sein: „Auf unserer Wiese ist was los". Dabei stellen wir Blumen und Tiere dar, die auf der Wiese leben. Für das Maifest bestellen wir entweder eine große Brezel, die wir gemeinsam essen, oder für jedes Kind eine kleine Brezel. Als Getränk gibt es Mai-Bowle, siehe Heft 4, Seite 15.
Das Maifest kann ein Fest mit den Eltern und den Kindern oder nur mit den Kindern sein. Um Kindergartengemeinschaft zu erleben, sollten jedenfalls alle Kindergartengruppen gemeinsam feiern.

Bilderbücher/Sachbücher

„Das Lämmlein und der Schmetterling"
von Arnold Sundgaard / Eric Carle. Gerstenberg Verlag, Hildesheim 2. Aufl. 1990.

„Vierzehn Mäuse machen Picknick"
von Kazuo Iwamura. Meisinger Verlag, München 1988.

„Katzentatzentanz"
von Frederik Vahle / Helme Heine. Gertraud Middelhauve Verlag, Köln 1980.

„Mein Frühjahrsbuch"
von Friederike Naroska. Verlag Herder, Freiburg, Basel, Wien 1991.

„In unserem Garten rührt sich was"
von Gunter Steinbach. Natur Verlag / Weltbild Verlag, Augsburg 1993.

„Mein erstes großes Gartenbuch"
von Angela Wilkes. Tessloff Verlag, Nürnberg 1992.

„Was ist ein Insekt?"
von Robert Snedden. Verlag Herder, Freiburg, Basel, Wien 1993.

Aus der Reihe: **„Meyers kleine Kinderbibliothek"** im Meyers Lexikonverlag. Bibliographisches Institut & F.A. Brockhaus, Mannheim:
„Die Blume" 1991
„Der Vogel" 1992
von René Mettler / Claude Delafosse.
„Der Marienkäfer" 1991
von Sylvaine Pérols / Pascale de Bourgoing.

Aus der Reihe: **„Tierkinder"** im Thienemanns Verlag, Stuttgart-Wien:
„Die Ente" 1991
„Das Kaninchen"
von Angela Royston / Rowan Clifford / Barrie Watts.
„Der Frosch"
von Angela Royston / Sandra Pond / Will Giles.

Aus der Reihe: **„Wir erleben die Natur"** im Dr. Hans Peters Verlag, Hanau, Salzburg, Bern:
„Die Hyazinthe" 1989.
von Jennifer Coldrey / George Bernard.
„Der Löwenzahn"
„Die Honigbiene"
„Der Marienkäfer"
„Im Vogelnest"
„Die Kaulquappe und der Frosch" 1992.
von Barrie Watts
„Die Hummel"
von Jens Olesen / Bo Jarner.

Aus der Reihe: **„Das faszinierende Leben..."** ars edition, München:
„Bienen"
von Maria Àngels Julivert / Carlos de Miguel, 1992.
„Schmetterlinge"
von Maria Àngels Julivert / Francisco Arredondo, 1992

Aus der Reihe: **„Der Guckkasten"** im Saatkorn-Verlag, Hamburg:
„Der Frosch" 3. Aufl. 1992.
von Jan van de Kam / Lydia van Andel / Ineke van Sijil.

Aus der Reihe: **„Die Welt entdecken"** im Ravensburger Buchverlag Otto Maier:
„Von der Raupe zum Schmetterling" 1989.
von Jean-Pierre Reymond / Luc Favreau.
„Vögel im Nest" 1987.
von Alexander M. Czajkowski.

„Die Schmetterlings-Uhr"
von Una Jacobs. Verlag Heinrich Ellermann, München 1990.

„Die Vogel-Uhr"
von Irmgard Lucht. Verlag Heinrich Ellermann, München 14. Aufl. 1990.

„Frösche"
von Jill Bailey / Jérome Bruandet. Meisinger Verlag, München 1992.
Pop-up-Buch zum Spielen und Forschen.

„Im Garten"
von Christina Lastrego / Francesco Testa. Verlag Herder, Freiburg, Basel, Wien 1993.
Pappbilderbuch für jüngere Kinder.

Bücher für Erzieher

Aus der Reihe: **„Praxisbuch Kindergarten“** im Verlag Herder, Freiburg, Basel, Wien:
„Alte und neue Bräuche im Kinderalltag“
von Hildegard Schaufelberger, 1993.

„Alte Festbräuche im Jahreslauf“
von Johanna Woll / Margret Merzenich / Theo Götz. Verlag Eugen Ulmer, Stuttart 1991.

„Das große Ravensburger Buch der Feste und Bräuche“
von Sybil Gräfin Schönfeldt. Otto Maier Verlag Ravensburg 1980.

„Die schönsten Bräuche für Kinder“
von Gudrun Hetzel-Kiefner. Ravensburger Buchverlag Otto Maier 1990.

„Narrentanz und Hexenreigen“
von Klaus W. Hoffmann / Rosemarie Künzler-Behncke. Schwann im Patmos Verlag, Düsseldorf 1991.

„Feste kreativ gestalten“
von Eva Reuys / Hanne Viehoff. Don Bosco Verlag, München 3. Aufl. 1992.

„Rasen und Blumenwiese“
von Josef Wohlschlager. Verlag Eugen Ulmer, Stuttgart 1984.

Weitere Bücher zu Thema Frühling siehe Heft 4, Seite 16,17 und Heft 7, Seite 19,20.

Geschichte

Muttertag

Susis Mutter sagt, ihretwegen muß der Muttertag nicht gefeiert werden. Sie sagt, der Muttertag ist hauptsächlich für Geschäftsleute da, für die Zuckerbäcker und für die Blumenhändler. Und für alle übrigen, die daran verdienen.

Sie sagt, sie feiert ihre Muttertage übers Jahr hin verstreut, denn ein Tag allein wäre ihr viel zuwenig. Sie hat – sagt sie – jedesmal Muttertag, wenn die Susi ihr eine Zeichnung schenkt, einfach so, oder wenn der Vater ihr einen Blumenstrauß heimbringt, einfach so, weil es ihm gerade eingefallen ist. Oder wenn sie zu dritt beschließen: „Heute wird nicht gekocht“, und sie marschieren vergnügt ums Eck in die kleine Pizzeria. Dann, sagt Susis Mutter, findet jedesmal Muttertag statt, und sie muß auch deshalb vorher nicht extra zum Friseur gehen.

Trotzdem feiert Susis Familie Muttertag, nicht wegen der Mutter, sondern wegen der Omama. Die Omama legt Wert darauf. Sie will diesen Sonntag speziell feiern, auch wenn sie sonst jeden Sonntag etwas mit der Familie unternimmt. Sie geht auch extra vorher zum Friseur und läßt sich frische Dauerwellen machen, wunderschöne große weiße Locken mit einem silbergraublauen Schimmer. Weil sie aber weiß, daß Susis Mutter keinen Wert auf Muttertag legt, ruft sie vorher an und sagt: „Kinder, also ich komme wie üblich am Sonntag zu Mittag, aber bitte, tut euch nichts an! Keine Großkocherei! Eine Suppe, sonst nichts! Schwört ihr mir das?“ Susis Mutter schwört. Susis Vater schwört. Susi schwört nicht, weil sie genau weiß, daß dieser Schwur nie, nie, nie gehalten wird.

Sie kochen zu dritt das Muttertagsmenü, der Vater, die Mutter und Susi. Der Vater kocht die Suppe. Nachher, beim Essen, wird er sagen: „Die Suppe hab' ich komponiert!“ Und alle werden rufen, daß die Suppe ein echtes Kunstwerk ist, ein Gedicht, ein Superhit. Und es wird so viel Suppe sein, daß sie für drei Tage reicht.

Die Mutter schiebt den Braten ins Rohr, mischt drei verschiedene Marinaden für drei verschiedene Salate und bereitet Kartoffelkroketten, weil normale Erdäpfel für einen Muttertag zu gewöhnlich sind. „Wenn schon, denn schon“, sagt die Mutter.

Susi macht eine Oblatentorte mit Schokoladencreme.

Pünktlich um zwölf steht sie mit dem Vater vor dem Haustor, um auf das Taxi zu warten. Die Omama geht schwer. Man muß sie die Stufen hinauf stützen. Die Omama hat ihre große braunkarierte Reisetasche mit. Susi schleppt die Tasche in den zweiten Stock hinauf. „Was hast du denn da drin, Omama?“

„Ein bißchen was zum Schnabulieren“, sagt die Omama. Sie geht gleich in die Küche und packt die Tasche aus: zwei gebratene Henderln, noch heiß, Erdäpfelsalat in einer Riesenschüssel, ein zuckerbestreuter Gugelhupf, ein Obstsalat.

„Ja, aber“, sagt Susis Mutter, „wir haben doch auch ...“

Die Omama betrachtet die drei Salate der Mutter und schnuppert zum Backrohr hinüber.

„Wenn ich sage, eine Suppe, sonst nichts, dann meine ich auch eine Suppe, sonst nichts!“ ruft die Omama. „Ich wollte euch auf keinen Fall Arbeit machen, drum hab' ich gekocht, das ist doch klar!“

„Keine Panik“, sagt der Vater. „Wir werden zu viert in aller Ruhe überlegen, was wir tun sollen ...“

„Laden wir die alte Frau Machacek aus dem dritten Stock ein“, sagt die Mutter. „Die ist heute ganz allein, ihre Kinder sind alle im Ausland.“

„Eine gute Idee“, sagt die Omama. „Und dazu noch die Frau Grünpoldt aus dem ersten Stock –“

„Die ist keine Mutter“, sagt Susi. „Die hat keine Familie. Die ist Krankenschwester im Kinderspital.“

„Ich hab' ja gewußt, daß sie was Mütterliches hat“, sagt die Omama zufrieden. „Also die. Und wen noch?“

„Den Herrn Pospischil aus dem Neunerhaus“, sagt Susi. „Der mir immer alle kaputten Puppen gerichtet hat. Und dem Fritz hat er das Fahrrad repariert.“

„Ja, der hat was ausgesprochen Mütterliches“, sagt die Mutter. „Geh, Hans, bitte, hol ihn herüber. Und wenn du schon im Neunerhaus bist, frag die Studentin, diese blonde, ich glaub', Michaela heißt sie –“

„Zweiter Stock rechts“, sagt Susi.

„Die hat zwar noch gar nichts Mütterliches“, sagt der Vater, „aber das kann ja noch werden mit der Zeit. Und Studenten haben meistens Hunger. Wenigstens war das so, wie ich studiert habe. Ich war über jede Einladung froh.“

„Heute haben Studenten genug zu essen“, sagt die Omama. „Aber ich war immer für eine ordentliche Gästemischung, nicht nur uralte Leute, das wär' ja fad ...“

Der Vater geht die neuen Gäste einladen, Susi legt Folie auf die nicht mehr ganz so heißen Henderln, die Mutter schiebt den Küchentisch neben den Eßtisch ins Wohnzimmer.

Bald darauf sitzen acht vergnügte, hungrige Leute um die beiden Tische und sagen, daß die Suppe ein Kunstwerk ist, ein Gedicht, ein Superhit. Sie essen den Braten und die Salate. Die Henderln sind nur mehr lauwarm, aber das stört keinen. Zum Obstsalat trinken sie den Sekt, den der Herr Pospischil mitgebracht hat. Der Sekt ist ein bißchen zu warm, weil keine Zeit mehr war, ihn einzukühlen, aber auch das stört keinen.

Die Frau Grünpoldt fragt die Omama, zu welchem Friseur sie geht. Die blonde Michaela fragt die alte Frau Machacek, ob sie sich noch gut an die Nachkriegszeit in diesem Bezirk erinnern kann. Die Michaela soll nämlich eine Arbeit über dieses Thema schreiben. Die Frau Machacek sagt, sie erinnert sich haargenau, außerdem hat sie alte Fotos, die Michaela soll nur einmal zu ihr hinaufkommen.

Der Vater und der Herr Pospischil machen aus, daß sie nach dem Kaffee eine Partie Schach miteinander spielen werden. Die Mutter ruft entsetzt, daß sie vergessen hat, Kaffee einzukaufen, aber die Frau Grünpoldt beruhigt sie, sie kocht nachher für alle einen Türkischen in ihrer Wohnung.

„So lustig war's schon lange nicht bei uns“, sagt Susi. „So ein schönes Durcheinander.“

„Im Grunde versteh' ich nicht, was du gegen Muttertag hast“, sagt die Omama später zur Mutter.

„Gegen solche hab' ich eh nichts“, sagt die Mutter.

Entnommen aus:
Eva Reuys / Hanne Viehoff,
„Feste kreativ gestalten“,
1000 Ideen für Kindergruppen.
Don Bosco Verlag, München.

Anmerkungen
Eigene Ideen
Notizen

Reime

Ich läute ganz leise,
ich läute ganz fein,
ich läute euch heute
das Frühlingsfest ein.

Ich schüttle mein Köpfchen,
mein schneeweißes Röckchen,
mein silbernes Glöckchen.

Ich läute ganz leise,
ich läute ganz fein,
ich läute euch heute
das Frühlingsfest ein. *überliefert*

Weitere Reime zum Fest
siehe Heft 5, Seite 14 und 15.

In der Hecke

In der Hecke, wo sie am dichtesten ist,
weiß der Vogel ein stilles Versteck.
Da baut er ein weiches Nest hinein
für seine gesprengelten Eierlein,
für seine kleinen Vögelein.

Vogel, sag,
was tun deine Kinder den ganzen Tag?
Was meine Kinder machen?
Du liebe Zeit!
Sie reißen ihren Schnabel auf,
sperrangelweit,
und schreien, oje:
„Wir haben Hunger, o weh!“
Jetzt weißt du's. – Ade!
Ich muß zu den Pappeln, Birken, Buchen:
Spinnlein, Schnecklein, Räuplein suchen.

Josef Guggenmos

Aus:
Josef Guggenmos, „Das kunterbunte Kinderbuch“,
Verlag Herder.

Wie tanzen die Mücken?

Dideldum!
Summ summ summ!
Das ist zum Entzücken!
Wie tanzen die Mücken,
die schnellen Gesellen,
so leise im Kreise,
so wohlig, so munter,
hinauf und herunter.

Dideldum, Dideldum!
Summ, summ!
Immer herum,
dideldum!
Immer herum,
summ, summ!

Heinrich Hoffmann von Fallersleben

Gefunden

Ich ging im Walde
so für mich hin,
und nichts zu suchen,
das war mein Sinn.

Im Schatten sah ich
ein Blümchen stehn,
wie Sterne leuchtend,
wie Äuglein schön.

Ich wollt' es brechen,
da sagt es fein:
Soll ich zum Welken
gebrochen sein?

Ich grubs mit allen
den Würzlein aus,
zum Garten trug ich's
am hübschen Haus.

Und pflanzt es wieder
am stillen Ort;
nun zweigt es immer
und blüht so fort.

Johann Wolfgang von Goethe

Anmerkungen
Eigene Ideen
Notizen

Klanggeschichte

Der Maikäfer Fliederich

Auf einem Eichenbaum krabbelte Fliederich, der Maikäfer.

Er hatte schöne braune Flügel, mit denen er von Blatt zu Blatt flog.

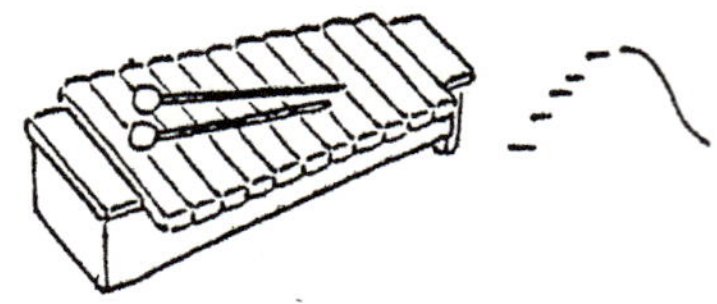

Mit seinen feinen Fühlern tastete er die Blätter ab.

Am liebsten waren ihm frische saftige Eichenblätter, die er langsam aufknabberte.

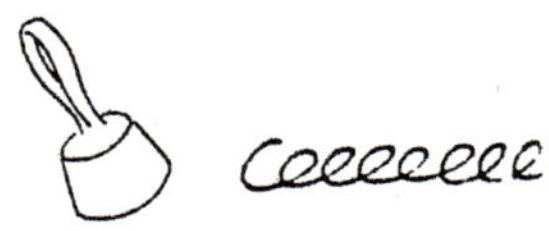

Nachdem er in einige Blätter Löcher gefressen hatte, wurde er müde und schlief ein.
In der Nähe des Eichenbaums wohnte Peter mit seinen Eltern. Peter spielte sehr gern mit seinem Ball. Am liebsten spielte er Fußball. Sein Vati stellte zwei Holzpflöcke auf, die als Tor dienten. Er war der Tormann und Peter der Stürmer. Peter legte sich den Ball zurecht, und – hau ruck – flog der Ball ins Tor.

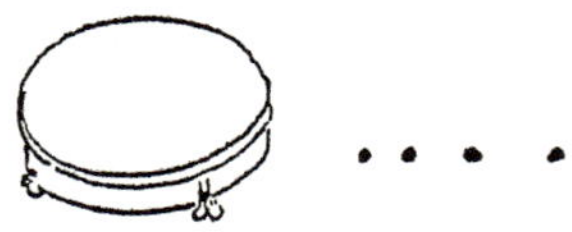

„Bravo!“ rief sein Vati. „Das probieren wir gleich noch einmal.“

Peter lief an, und – bum! –

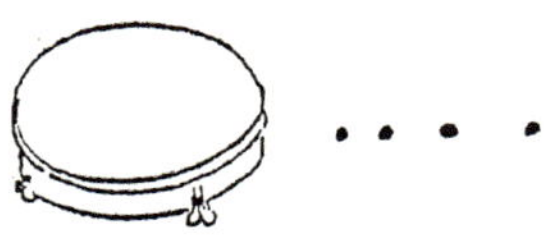

flog der Ball in den Eichenbaum, in dem Fliederich, der Maikäfer, gerade sein Mittagsschläfchen hielt. Fliederich wurde wach und stürzte vom Baum,

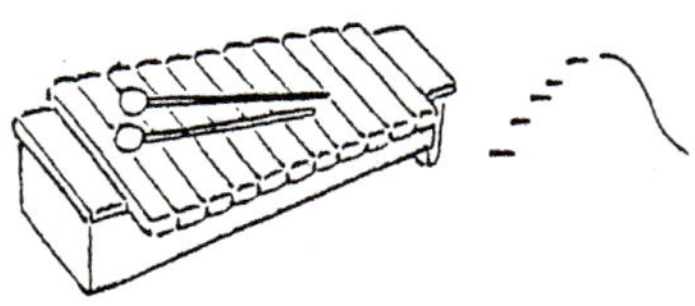

direkt in Peters Hand. Peter lief zu seinem Vati.

„Schau, was ich gefunden habe!“ rief Peter. „Einen Maikäfer, den behalte ich und lege ihn in eine Schachtel.“
Peters Vati betrachtete Fliederich und sagte: „In einer Schachtel kann der Maikäfer nicht leben. Er braucht Luft, einen Baum und frische Blätter. Laß ihn wieder fliegen!“
Da öffnete Peter die Hand, und Fliederich flog, so schnell er konnte, auf seinen Eichenbaum zurück.

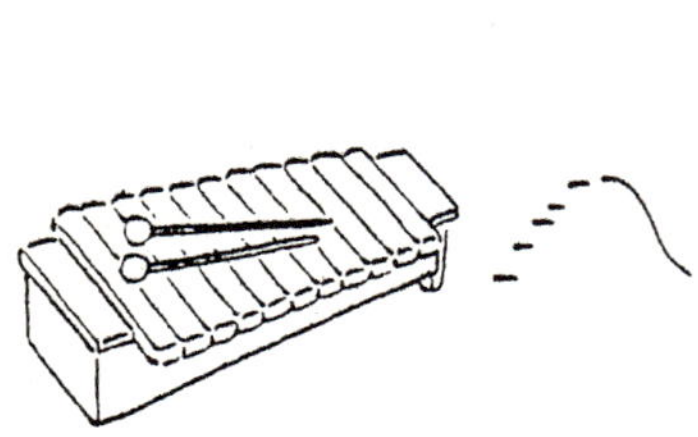

Dort knabberte er in seiner Aufregung ein großes Loch in ein frisches Blatt und war froh, wieder auf dem Baum zu sein.

Aus:
Elisabeth Wagner,
„Herr Blubberplop der Wassermann“,
Don Bosco Verlag,
München 1992.

Lieder

Grüß Gott, du schöner Maien

Volkslied

2. Die kalten Wind verstummen, der Himmel ist gar blau.
Die lieben Bienlein summen daher auf grüner Au.
O holde Lust im Maien, da alles neu erblüht,
du kannst mich sehr erfreuen, mein Herz und mein Gemüt.

Der Maikäfer Sumsesum

Text: Renate Lüber / Melodie: Bernd Seitz

2. Ja, er liebt den Monat Mai,
denn da fühlt er sich so frei.
Ja, der Mai ist seine Zeit,
denn jetzt ist er flugbereit.

3. Lang' mußt er im Boden ruhn,
außer fressen gar nichts tun.
Einst schlüpft er aus einem Ei
und war doch noch nicht ganz frei.

4. Denn als Larve lebte er,
jahrelang im Erdenmeer.
Ja, genannt auch Engerling,
so mußt' er durchs Erdreich ziehn.

Anmerkungen
Eigene Ideen
Notizen

Wettstreit

Text: Heinrich Hoffmann von Fallersleben
Melodie: Carl Friedrich Zelter

2. Der Kuckuck sprach: „Das kann ich",
und fing gleich an zu schrein.
|: „Ich aber kann es besser", :|
|: fiel gleich der Esel ein. :|

3. Das klang so schön und lieblich,
so schön von fern und nah.
|: Sie sangen alle beide :|
|: „Kuckuck, Kuckuck, ia." :|

Maienzeit, du schöne Zeit

Text: Renate Lüber / Melodie: Bernd Seitz

2. Käfer schwirren durch die Luft,
Bienen summen, Blütenduft.
Vögel bauen nun ihr Nest,
zwitschern wie auf einem Fest.

3. Schmetterlinge flattern auch,
Hummeln summen dort im Strauch.
Grashüpfer nun Sprünge macht
und dazu die Sonne lacht.

Was machen die Enten?

Text und Melodie: Volker Rosin

2. Was machen die Hasen,
was machen die Hasen,
was machen die Hasen
der Welt?

Sie laufen und schnaufen,
sie laufen und schnaufen,
sie laufen und schnaufen
durch's Feld!

3. Was machen die Käfer,
Was machen die Käfer,
was machen die Käfer
so spät?

Sie kribbeln und krabbeln,
sie kribbeln und krabbeln,
sie kribbeln und krabbeln
im Beet!

4. Was machen die Kinder,
was machen die Kinder,
was machen die Kinder
mit Spaß?

Sie singen und springen,
sie singen und springen,
sie singen und springen
im Gras!

Anmerkungen
Eigene Ideen
Notizen

Aus:
Volker Rosin,
„Itzibitz, die
Liedermaus“,
Don Bosco Verlag,
München 1991.

Anmerkungen
Eigene Ideen
Notizen

Der Frühling ruft

Text und Melodie: überliefert

2. Der kleine Käfer kriecht hervor,
er war so gut versteckt.
Es guckt heraus ein Schmetterling,
weil ihn die Sonne weckt.

3. Das Fröschlein mit dem grünen Rock
hüpft froh im Teich herum.
Die Biene fliegt zum Veilchen hin
und grüßet froh: summ, summ.

4. Die Sonne scheint, der Frühling ruft,
wir feiern heut ein Fest.
Da duften alle Blümelein,
die Vögel baun ihr Nest.

Jetzt fängt das Fest erst richtig an

Text und Melodie: trad./Hoffmann

Aus:
Klaus W. Hoffmann
und Rudi Mika,
„Wie kommt die
Maus in die
Posaune?",
AKTIVE MUSIK,
Verlagsges.,
Dortmund.

Anmerkungen
Eigene Ideen
Notizen

2. Vögel hüpfen auf den Zweigen,
   Mäuse drehen sich im Reigen.
   Schmetterlinge flattern munter
   durch den Garten, und ein bunter
   Falter tanzt auf einer Rose,
   taktvoll wiegt sich die Mimose.
   Alles singt im Chor sodann:
   „Jetzt fängt das Fest erst richtig an!"

3. Kürbis und Melone tanzen,
   Zwiebel, Dill und Erbsenpflanzen,
   Anemonen und Narzissen
   sind vom Rhythmus hingerissen.
   Ruft der Frosch: „Das find' ich heiter,
   seht, der Hund tanzt mit der Leiter!"
   Alles singt im Chor sodann:
   „Jetzt fängt das Fest erst richtig an!"

Spinnenlied

Text und Melodie: Hans Baumann, © Elisabeth Baumann, Murnau

2. Das neue Netz ist bald gemacht,
geduldig wird das Werk vollbracht
in vielen Stunden wunderbar
aus Fäden, feiner als ein Haar.

Und trägt's der Wind im Herbst davon,
was stört das eine Spinne schon?
Die Spinne fährt im Wind dahin –
wohin? Zum Neubeginn.

Anmerkungen
Eigene Ideen
Notizen

Aus:
Hans Baumann,
„Das Liederboot",
Thienemanns
Verlag.

Anmerkungen
Eigene Ideen
Notizen

Tänze

Bingo Fidulafon 1306

Bändertanz

Teil A) Mit den Bändern in der Hand kreuz und quer im Kreis herumhüpfen.
Teil B) Sich auf der Stelle mal nach der einen und mal nach der anderen Seite drehen. Dabei das Band mit ausgestrecktem Arm mitdrehen.
Teil C) Band vor sich von links nach rechts und zurück mit Schwung am Boden bewegen.

Teil A)  hüpfende Bewegung

Teil B) ( ) ( ) ( ) ( ) links und rechts herum

Teil C) 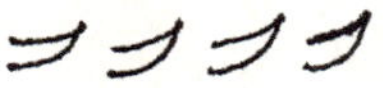 hin und her schwingen

Tanzidee:
Hildegard Enderle

Tanz der Käfer

Musik: Krebspolka, Tänze für Kinder, Fidula.

Aufstellung: Offen, alle Sitz mit angehockten Beinen.

Text:

A: Ja, der Kopf, er zappelt hin und her (8 Takte), die Arme gehen auf und ab, das ist ja gar nicht schwer (8 Takte). Und der Po, der wackelt hin und her (8 Takte), die Beine gehen auf und ab und zappeln immer mehr (8 Takte)!

(Erst mit dem Kopf wackeln, dann mit den Armen „flattern“, Hände hinten aufstützen und mit dem Po wackeln, dann mit den Beinen zappeln.)

B: Wir krabbeln, wir krabbeln, wir krabbeln durchs Gras, wir krabbeln, wir krabbeln, ja Käfersein macht Spaß, wir krabbeln, wir krabbeln, wir krabbeln durchs Gras, wir krabbeln, denn Käfersein macht Spaß (insgesamt 32 Takte)!

(Bei „Spaß“: Sitz mit angehockten Beinen.)

A: Teil A siehe oben.

Dazu geeignete Musik auch bei Ton-Volking, 82343 Niederpöcking.

B: Wir fliegen, wir fliegen, wir fliegen hin und her, wir fliegen, wir fliegen, denn Fliegen ist nicht schwer, wir fliegen, wir fliegen, wir fliegen hin und her, wir fliegen, denn Fliegen ist nicht schwer

(Mit ausgebreiteten Armen fliegen, tanzen, drehen, dann Sitz mit angehockten Beinen.)

Karin Schaffner

Aus:
Turnen und Sport – Fachzeitschrift für Turnen, Sport und Gymnastik in Schule und Verein, März 1987, Pohl-Verlag, Celle

Anmerkungen
Eigene Ideen
Notizen

Manuelles Gestalten

Basteln

Kostüme
Wir fertigen Kostüme für unser Maifest.
Dies können z.B. sein:
Blumenkränze aus Ton – und Kreppapier als Kopfschmuck für die „Blumen".
Tonpapierring, an dem wir mit Krepp umwickelten Draht als Fühler befestigen, sowie Flügel aus Tonpapier mit Bändern zum Anziehen für die „Käfer" und die „Schmetterlinge".

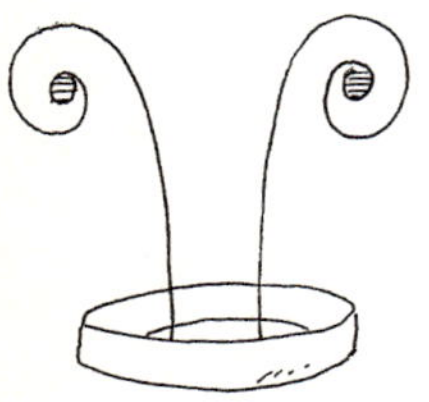

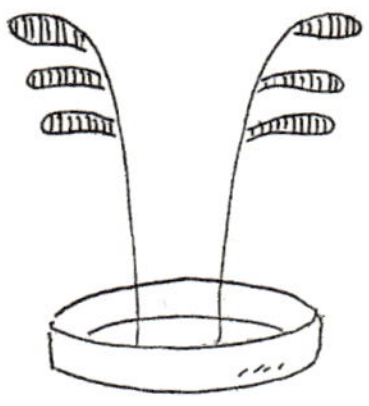

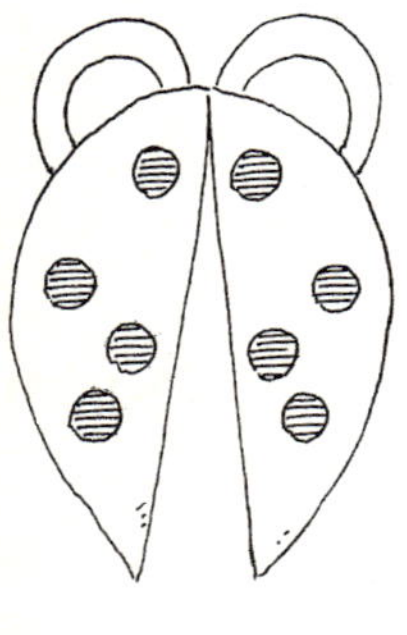

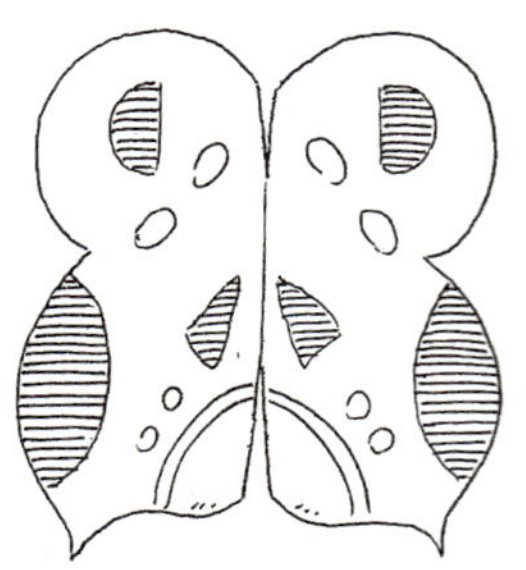

Käfer
zum Aufhängen. **Material:** Karton oder Tonpapier.
Der Körper, die Flügel, die Beine und die Fühler werden aus Karton bzw. Tonpapier ausgeschnitten. Die Beine und Fühler werden angeklebt und die Flügel, die an einem Stück sind, durch einen Schlitz im Körper durchgezogen. An einem Faden können wir nun unseren Käfer aufhängen. Für die Flügel kann auch Kreppapier verwendet werden. So z.B. rotes für Marienkäfer, braunes für Maikäfer...

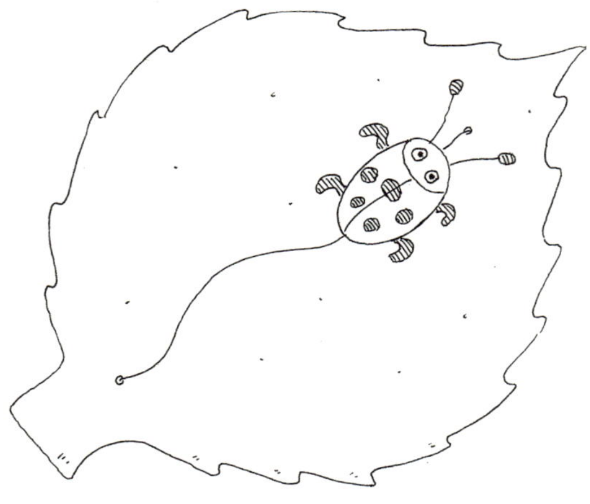

Blumenwiese
Material: Papprollen, Farben, Krepp- und Tapetenpapier.
Die Papprollen, die als Stiel dienen, werden mit Wachs- oder Wasserfaben angemalt und die Blütenblätter aus Tapetenpapier ausgeschnitten und in den Stiel geklebt. Zum Ausfüllen für den Blütenkelch kleben wir zusammengeknülltes Kreppapier ein.

Brummbiene
Siehe Heft 7, Seite 30.

Krabbelkäfer
Material: Karton, Farben zum Bemalen oder Buntpapier zum Bekleben.
Das Blatt wird ausgeschnitten und bemalt oder beklebt, ebenso der Käfer. Durch das Blatt wird mit Hilfe einer Nadel ein Faden gezogen und hinten verknotet. Vorn auf dem Blatt wird der Faden zwischen den Käfer geklebt (Käfer doppelt ausschneiden, was sowieso der Fall ist, wenn man ihn mit Buntpapier beklebt).
Wenn wir hinten am Faden ziehen, können wir den Käfer übers Blatt krabbeln lassen.
Unser Krabbelkäfer kann ein Marien- oder Maikäfer sein.

Blumenwiese
als Gemeinschaftsarbeit.
Der Untergrund kann aus Karton bzw. Filz sein. Auf ihn werden Blumen und Tiere aus Stoff, Knöpfen, Wolle... aufgeklebt bzw. aufgenäht.

Anmerkungen
Eigene Ideen
Notizen

Falten

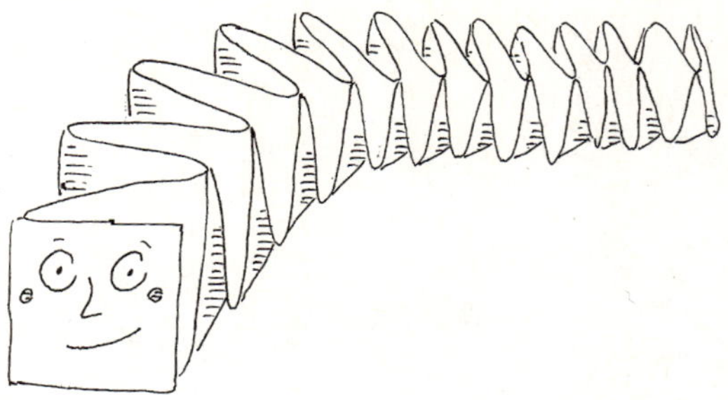

Raupe
Ausgangsform: Hexentreppe, siehe in Heft 4, Seite 13.
Vorn wird noch zusätzlich ein Gesicht aufgemalt.

Libelle
Ausgangsform: Fächer, siehe Heft 6, Seite 17.
Der Körper und die Fühler werden aus festem Karton ausgeschnitten. Die Flügel durch einen Schlitz im Körper durchgezogen.

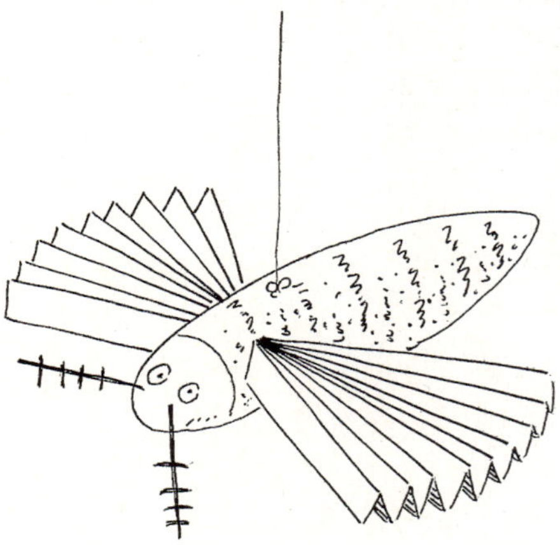

Schmetterling
Ausgangsform: Fächer. Als Material verwenden wir Blätter aus Illustrierten. Ein Blatt gibt einen Flügel bzw. einen halben Schmetterling. Die Fühler werden ebenfalls aus je einem Illustriertenblatt zusammengerollt. Die beiden Schmetterlingshälften werden mit Klebeband zusammengehalten, wobei gleichzeitig die Fühler mitbefestigt werden.

Muttertags- bzw. Elterngeschenke

Es sollte ein Geschenk sein, von dem beide Elternteile etwas haben.

Tasche
Baumwollbeutel werden mit Stoffarben bedruckt (z.B. Handdruck) oder bemalt. Vor dem Bedrucken bzw. dem Bemalen einen Pappdeckel in die Tasche kleben, damit die Farbe nicht durchgeht.

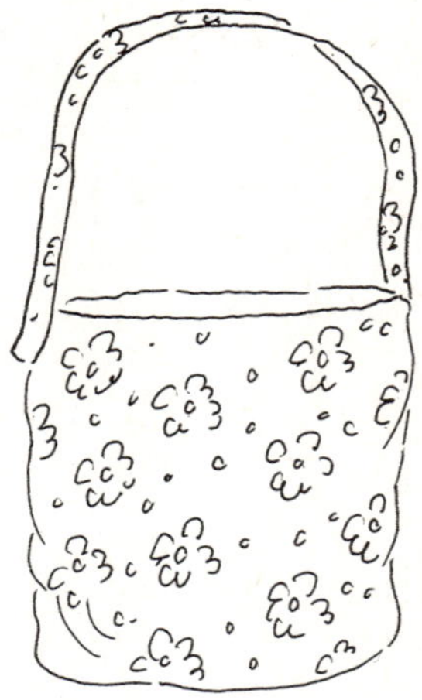

Brotbeutel
Läßt sich wie Tasche gestalten.

Hand oder Fußabdruck
in Gips. Mit dieser Arbeit sollte man rechtzeitig beginnen und sie zuvor selbst ausprobieren. Die Hand bzw. den Fuß vor dem Abdruck ins Wasser tauchen oder mit Vaseline eincremen.

Foto mit Rahmen
Hierzu brauchen wir ein Foto vom Kind, das die Erzieherin im Kindergarten aufnimmt. Der Bilderrahmen aus Pappe wird vom Kind ausgestaltet.

Schattenbild (Profil)
Für das Schattenbild verwenden wir Papier, dessen eine Seite weiß, die andere blau oder schwarz ist. Dieses wird mit Hilfe des Kopierers von DIN A3 auf DIN A5 verkleinert und auf DIN A4 aufgeklebt. Der Rahmen wird von den Kindern gestaltet. Dies kann mit Bändern, Borten, Spitze, Wolle... geschehen.

Zur umweltfreundlichen Verpackung kann man das Bild zwischen zwei Pappplatten legen und mit Bast zubinden. Beides kann wieder in den Kindergarten zurückgebracht und wiederverwendet werden.
Weitere umweltfreundliche Verpackungen sind Tapeten- oder Makulaturpapier. Ebenso Geschirrtücher (unterm Jahr auf Angebote im Supermarkt bzw. Kaufhaus achten).

Um dem Druck zu entgehen, für den Muttertag und den Vatertag etwas zu gestalten, haben wir uns für ein Elterngeschenk entschieden.

Anmerkungen
Eigene Ideen
Notizen

Religiöse Erziehung

Biblische Geschichte

Pfingstgeschichte

Nachdem Jesus am Kreuz gestorben war, waren die Jünger sehr traurig.
Sie wußten zunächst nicht, wie sie sich verhalten sollten.
Erst, als Jesus mehreren von seinen Freunden begegnet war, kehrten sie nach Jerusalem zurück.
Dort trafen sie sich wieder, schlossen sich aber in einem Saal ein, denn sie hatten immer noch Angst.
Zunächst wußten sie nicht, was sie von all dem, was mit Jesus geschehen war, denken sollten und was zu tun sei.

Am Pfingstfest waren die Jünger wieder im Saal zusammen. Die Jünger beteten in der Gemeinschaft, daß der von Jesus verheißene Heilige Geist komme.
Mit einem Mal verstanden sie Jesus und sie wußten nun, was sie tun sollten. Sie waren von der Erkenntnis ergriffen, daß Jesus lebt, und dies erlebten sie wie Sturm und Feuer.
Die Jünger dachten, daß sie alles erzählen müßten. Sie liefen auf die Straßen hinaus und verkündeten, daß Jesus lebt.
Menschen, die sich fremd waren, verstanden, was die Jünger meinten.
Die Menschen hatten oft verschiedene Ansichten, verstanden manches anders. Sie wurden aber im Glauben an Jesus eine Gemeinschaft.

Geschichte

Michaela geht ein Licht auf

Aus: „Wunderwelt", Lesewerke für die Grundschule, 3. u. 4. Schuljahr, Pädagogischer Verlag Schwann, Düsseldorf.

Es ist schon gegen Abend. Noch immer spielt Michaela mit ihren kleineren Geschwistern im Garten. Da merkt sie auf einmal, wie sie Hunger hat. Michaela denkt: Bald wird uns die Mutter zum Abendessen rufen! Sie freut sich schon darauf.
Nicht lange danach ruft die Mutter. Schnell rennen die Kinder ins Haus, denn auch der kleine Hansjörg und die Anja haben großen Hunger.
Doch wie erschrecken sie, als sie ihre Mutter sehen. Sie sitzt auf einem Stuhl und ist ganz weiß im Gesicht. Die Hände preßt sie gegen den Magen. Der Tisch ist noch nicht gedeckt. „Hört mal gut zu", sagt die Mutter, „ihr seht, es geht mir schlecht. Ich muß zum Arzt fahren. Wann ich zurück bin, weiß ich noch nicht." Zu Michaela sagt sie: „Ihr müßt heute abend ohne mich auskommen. Sorgt für euch selbst, du bist ja schon groß. Der Papa kommt erst spät in der Nacht von der Geschäftsreise zurück."
Michaela nickt, und Mutter macht sich auf den Weg.
Zuerst kommen sich die Kinder hilflos vor. Sie überlegen: Was sollen wir machen? Wir können doch niemand fragen. Bisher hat immer die Mutter an alles gedacht und für alles gesorgt.
Traurig setzen sie sich an den Tisch und wissen nicht weiter. Auf einmal leuchten die Augen Michaelas auf. Sie springt hoch und sagt: „Jetzt weiß ich, was wir machen!"
(Die Kinder sollen weitererzählen und mit ihren Beiträgen diese Lücke selbst füllen.)
Spät am Abend kommt die Mutter zurück. Es geht ihr wieder besser. Michaela ist noch auf. Begeistert erzählt sie, wie sie es gemacht haben. Mutter freut sich: „Das hätte ich selbst nicht besser tun können!"

F. Nesselhauf

Anmerkungen
Eigene Ideen
Notizen

Die Schöpfung

Information

● Unter Schöpfung versteht man im religiösen Sinn die Erschaffung der Welt als Gottes Werk.
Im Schöpfungsglauben wird die Frage nach der Herkunft und dem Sinn der menschlichen Existenz beantwortet. Hier drückt sich das Bewußtsein aus, daß die Welt nicht aus sich selbst existiert.
Die christliche Lehre von der Schöpfung ist angelegt in den beiden Schöpfungsberichten des Alten Testaments (Buch Genesis). In ihnen wird in bildhafter Sprache von dem siebentägigen Werk Gottes erzählt. Sie stehen deshalb nicht als Erklärung für die Erschaffung, d.h. über das Wie und die Reihenfolge, sondern vielmehr als Lobpreis auf Gott, der die Welt geeignet für uns Menschen geschaffen hat.
Schöpfung ist nichts Abgeschlossenes. Wir erleben immer wieder Gottes Schöpfung neu, so z.B. in jedem Frühjahr, wenn das Leben neu erwacht. Ebenso auch in vielen kleinen Dingen des alltäglichen Lebens.

● Die vier Elemente: Feuer, Erde, Wasser, Luft.
Sie sind Voraussetzung für alles Leben auf der Erde. Erst sie ermöglichen, daß Pflanzen, Tiere und wir Menschen auf ihr leben können.

Feuer

● Als Feuer bezeichnen wir die sichtbare Begleiterscheinung einer Verbrennung, bei der sich das Brennmaterial mit Sauerstoff verbindet und bei der u.a. auch Licht und Wärme entstehen.
Das Feuer ist eines der religiösen Ursymbole. Viele Naturvölker verehren es bis zum heutigen Tag.
Das größte Feuer, das von Bedeutung für uns ist, ist unsere Sonne.

● Die ersten Menschen kannten das Feuer nur von Blitzeinschlägen, die Buschfeuer oder Waldbrände verursachen konnten, und von Vulkanausbrüchen. Sie fürchteten das Feuer und lernten dennoch mit der Zeit, das auf diese Art entfachte Feuer zu beherrschen und zu nutzen. Es bot ihnen Schutz vor Raubtieren und vor der Kälte, spendete ihnen Licht in der Dunkelheit ihrer Höhlen sowie eine neue Möglichkeit der Nahrungszubereitung. In ihren Höhlen und auf Wanderschaften wurde das Feuer bzw. die Glut immer gut bewacht. Später lernten sie Feuer mit Hilfe von Feuersteinen oder hölzernen Bohrstäben zu entfachen.
Heute entzünden wir Feuer mit Streichhölzern, die erst Anfang des 19. Jahrhunderts erfunden wurden, oder mit einem Feuerzeug. Auch mit einem Brennglas (Vergrößerungsglas) läßt sich Feuer entfachen.

● Feuer entzünden wir z.B., wenn wir eine Kerze, unseren Herd (Gasherd) anzünden oder ein Kamin-, ein Kachelofen-, ein Grill- oder ein Lagerfeuer machen möchten. Wenn wir es also zum Kochen, zum Heizen oder als Lichtquelle brauchen.

● Feuer bedeutete damals wie heute Leben, aber auch Gefahr, denn Brände konnten und können ganze Wald- und Wohngebiete vernichten.

● Die Kraft des Feuers verwendet der Mensch schon seit langem auch zum Brennen von Ton und zum Schmelzen von Metallen.

● Heute versucht man ebenfalls die Sonnenenergie für die Erwärmung des Wassers in Häusern und zur Stromerzeugung zu nutzen, wie beispielsweise in Taschenrechnern und in den ersten Solarautos.

● Bis in unsere Zeit haben sich alte Bräuche um Jahresfeuer erhalten, wie beispielsweise das Fastnachtsfeuer, das Osterfeuer, das Sonnwendfeuer ... Auch den Jahreswechsel und andere festliche Ereignisse feiern wir mit einem Feuerwerk.

Erde

● Unter Erde verstehen wir nicht nur unsere Erdkugel, sondern auch den äußersten Mantel unserer Erdoberfläche, den Boden.
Der Boden, die belebte oberste Verwitterungsschicht der Erdkruste, besteht aus anorganischen Stoffen, sowie aus organischen Substanzen in Form von Pflanzenabfall und Bodenlebewesen wie Würmern, Insekten, Insektenlarven, Bakterien ... Ferner aus Humus und teilweise oder kaum verwitterten Gesteinstrümmern.
Je nach Klima, Ausgangsgestein und Vegetation entstanden bestimmte Bodenarten. So z.B. Sand-, Lehm-, Ton-, Kalkböden usw.

● Der Boden ist Lebensraum der Bodenorganismen und Wurzelort der Pflanzen.

● Viele Tiere wie beispielsweise die Maus, der Maulwurf, der Hamster, das Murmeltier, der Dachs und der Fuchs wohnen im Boden in Erdhöhlen.
Andere Tiere leben und schlafen auf der Erde, wie der Hase, das Reh, das Wildschwein ... oder in den Pflanzen, die auf der Erde wachsen, wie die Spinne, der Vogel, das Eichhörnchen ...

● Wir Menschen bauen unsere Häuser auf dem Boden, deren Steine und Ziegel, Wand- und Fußbodenplatten wiederum aus Erde bzw. Ton hergestellt sind. Aus ihm fertigen wir auch Rohre für die Kanalisation.
Steingut wird ebenfalls aus Ton hergestellt, sowie Porzellan, für das man weiße Tonerde, das Kaolin, verwendet. Glas für Trinkgläser, Flaschen, Fensterscheiben... wird aus Quarzsand gewonnen.

● Aus der Erde fördern wir einige unserer Energieträger, wie z.B. das Erdöl, das Erdgas und die Steinkohle.
In der Erde suchen wir auch nach weiteren Bodenschätzen, nach Metallen, wie z.B. Gold, Silber, Eisen oder Kupfer, und nach Edelsteinen, wie Diamanten, Smaragden, Saphiren, Rubinen ...

● Erde hat auch heilende Wirkung. Wir kennen ärztliche Verordnungen, wie beispielsweise Schlammpackungen und Moorbäder.
Unsere Nahrung wächst im und auf dem Boden. Wir bestellen Felder, legen Obst- und Gemüsegärten an.

● Gefahren, die von unserem Boden bzw. von unserer Erde für uns ausgehen, sind z.B. Erdrutsche, Geröllawinen, Erdbeben und Vulkanausbrüche.

Wasser

● Wasser finden wir fast überall: In Meeren, in Flüssen, in Seen, in Sümpfen und als Grundwasser, in Wolken, im Schnee und im Eis. Sieben Zehntel unserer Erdoberfläche sind mit Wasser bedeckt. Das Wasser ist Lebensraum für viele Pflanzen und Tiere.

● Ohne das Wasser gäbe es auf unserer Erde kein Leben. Das Leben entstand im Wasser. Die Körper aller Lebewesen bestehen zum größten Teil aus ihm. Das Wasser ermöglicht als Lösungs-, Transport- und Quellungsmittel die zahlreichen Reaktionen der Zellen.

● Wasser ist ständig in Bewegung. Es unterliegt in der Natur einem steten Kreislauf. Die Sonne läßt es verdunsten; in der Atmosphäre kühlt es ab, kondensiert und fällt als Niederschlag auf die Erde zurück. Hier sammelt es sich erneut in Pfützen, Tümpeln, Seen, Bächen, Flüssen und den Meeren. Was nicht abfließt, versickert oder von Pflanzen aufgenommen wird, verdunstet erneut.

- Das Grundwasser und das Wasser in Flüssen und Seen nennt man Süßwasser. Dieses Wasser nehmen wir für unsere Trinkwasserversorgung. Das Wasser der Meere nennen wir aufgrund des hohen Salzgehaltes Salzwasser. Ein Liter Meerwasser enthält rund 30g Kochsalz und ist somit als Trinkwasser ungeeignet.

- Wasserwerke sorgen bei uns für die Wasserversorgung und leiten es in jedes Haus. Wir brauchen nur den Wasserhahn aufzudrehen und haben Wasser zum Kochen, zur Körperpflege, zum Waschen und zum Putzen, was natürlich auch zur unnötigen Wasserverschwendung führen kann. Anders ist dies in der Wüste, wo es Wasser nur als Grundwasser gibt und die Menschen oft weite Wege zurücklegen müssen, um Trinkwasser an Brunnen oder Wasserlöchern zu holen. Für sie ist Wasser kostbar.

- Wasser hat Kraft. Diese Kraft kann zur Gefahr werden, wie beispielsweise bei Überschwemmungen und Flutwellen. Jedoch kann man diese Kraft auch nutzen. Schon in früheren Zeiten trieben die Menschen Wasserräder damit an und betrieben somit z.B. Mühlen und Sägewerke. Heute erzeugt man mit Hilfe von Wasserturbinen Strom.

Luft

- Unsere Erde ist von einer Lufthülle, der Atmosphäre, umgeben. Sie schützt uns vor gefährlicher Strahlung aus dem Weltraum, sowie vor zu hohen und zu tiefen Temperaturen. Luft besteht überwiegend aus Stickstoff und Sauerstoff. Wir können die Luft zwar nicht sehen, aber wir können sehen, was sie bewegt, wie z.B. Wolken, Wellen, Äste und Blätter...

- Fast alle Lebewesen benötigen die Luft, um leben zu können. Menschen und Tiere atmen mit der Luft den für sie wichtigen Sauerstoff ein und Kohlendioxid aus. Auch das Feuer braucht Sauerstoff, d.h., daß auch unsere Heizungen, Autos und Industrieanlagen Sauerstoff verbrauchen. Pflanzen nehmen das Kohlendioxid auf und verwandeln es wieder in den für uns so lebenswichtigen Sauerstoff.

- Segelflieger, Heißluftballons, Drachenflieger und Fallschirmspringer gleiten durch die Luft. Viele Insekten, Vögel und Fledermäuse sowie Flugzeuge können in der Luft fliegen.

- Mit Hilfe der Luft bewegen sich Schallwellen fort. Wir bilden Töne mit Luft, beispielsweise bei der Flöte, der Trompete, dem Dudelsack, der Handharmonika und der Orgel.

- Der Wind transportiert Pollen und Samen, und er dient als Energieträger. Schon früher nutzten die Menschen die Kraft des Windes für ihre Windmühlen und Segelschiffe. Heute erzeugt man mit Hilfe von Windturbinen Strom.
Auch Luft bzw. Wind kann gefährlich sein, wenn sie bzw. er z.B. in Form einer Windhose, eines Orkans oder als Tornado auftritt.

Weiteres zum Thema Luft, siehe Heft 6, Seite 2.

Gespräche

Wir reden über die vier Elemente

Feuer

- Wo wir schon überall Feuer gesehen haben.
- Wie wir Feuer entzünden können.
- Wozu wir das Feuer brauchen, wie wir es nützen.
- Über die Gefahren, die vom Feuer ausgehen können.
- Was wäre, wenn wir kein Feuer und keine Sonne hätten.

Anmerkungen
Eigene Ideen
Notizen

Erde

- Wie unsere Erde aussieht, und welche Bodenarten wir kennen.
- Was wir damit machen.
- Wer die Erde zum Wurzeln und Wachsen braucht.
- Wer im und auf dem Boden lebt.
- Wo wir leben, und was wir aus Ton und Sand alles herstellen.
- Nach welchen Bodenschätzen wir in der Erde suchen.
- Welche Lebensmittel in und auf dem Boden wachsen.

Wasser

- Wo es bei uns überall Wasser gibt.
- Über den Kreislauf des Wassers.
- Woher das Wasser aus unserer Wasserleitung kommt.
- Was wir mit Wasser alles machen.
- Warum wir mit Wasser sparsam umgehen müssen.
- Ob es überall so viel Wasser gibt wie bei uns.
- Wie wir die Kraft des Wassers nutzen.
- Welche Gefahren Wasser mit sich bringen kann.

Luft

- Wo es überall Luft gibt.
- Warum die Luft für uns so wichtig ist.
- Wer uns frische Luft schenkt.
- Wozu wir die Luft und den Wind noch brauchen.
- Wer in der Luft schweben und fliegen kann.
- Wie wir die Kraft des Windes nützen.
- Wind kann auch gefährlich sein.

Ausgang

Wir wollen unsere Umgebung, die Natur um uns kennenlernen.
Welche Pflanzen und Tiere um uns und mit uns leben:
- Was auf der Wiese lebt.
- Was im Wald lebt.
- Was am und im Wasser lebt.
- Was im Gebirge lebt.
- Was am Strand und im Meer lebt.

Hier wird man den Schwerpunkt je nach Region legen. Eine Erzieherin am Rande der Alpen wird mit ihren Kindern über andere Dinge reden als eine Erzieherin an der Nordseeküste.

Anmerkungen
Eigene Ideen
Notizen

Wir wollen mit offenen Augen und Ohren durch die Welt gehen und dabei die Schöpfung nicht nur sehen und hören, sondern auch fühlen, riechen und schmecken. Sie bewußt ganzheitlich mit all unseren Sinnen wahrnehmen:
– Die Natur sehen in ihrer Farben- und Formenvielfalt.
– Die Natur hören – das Zwitschern der Vögel, das Summen und Brummen der Insekten, das Plätschern eines Bachs, das Rauschen des Meeres, das Rascheln der Blätter...
– Die Natur riechen – den Duft von Blüten, von frisch gemähtem Gras, von Heu, von feuchter Erde, von salzigem Meerwasser ...
– Die Natur fühlen – kühles Wasser, weiches Moos, rauhe Kiefernzapfen, spitze Steine, wohlgeformte Kiesel, ein Stoppelfeld...
– Die Natur schmecken – erfrischendes Quellwasser, die ersten Früchte ...

Freude an der Schöpfung wecken.

Wenn sich in unserer Umgebung eine Höhle oder ein Besucherbergwerk befindet, bietet sich uns hiermit auch die Gelegenheit, die Erde einmal von innen anzusehen.
Dies natürlich nur unter fachmännischer Führung und mit guter Vorbereitung.

Wetterbeobachtungen und -messungen
siehe in Heft 2, Seite 3.

Experimente

Die Zusammensetzung des Bodens
Wir geben einige Löffel Erde aus unserem Garten in ein Glas (leeres Gurkenglas), füllen es mit Wasser auf und schütteln den Inhalt kräftig durch. Nun stellen wir es an einen hellen Platz, an dem wir es gut beobachten können. Das nun stark getrübte Wasser braucht einige Stunden, um wieder klar zu werden. Danach sehen wir, daß sich die schweren Teile wie grober Sand unten am Boden abgesetzt haben, darüber liegt der feinere Sand und der Ton. Oben an der Wasseroberfläche schwimmt der Humus.

Feuer braucht Luft (Sauerstoff)
Wir zünden eine Kerze an und stülpen ein Glas darüber. Die Kerze unter dem Glas erlischt, sobald der Sauerstoff verbraucht ist.

Auch Luft braucht Platz
Wir füllen einen kleinen Eimer mit Wasser und stellen ihn auf den Tisch. Nun tauchen wir ein Glas mit der Öffnung nach unten senkrecht in den Eimer. Wenn wir das Glas wieder herausziehen, ist es innen immer noch trocken. Die Luft hat das Wasser verdrängt.

Ohne Wasser kein Leben
Wir säen Kresse (kurze Keimdauer) in zwei Töpfe. Der eine Topf bekommt regelmäßig Wasser, den anderen Topf gießen wir nicht. Im Topf, der Wasser bekommt, wird bald Kresse keimen und wachsen. Im Topf, der kein Wasser erhält, bleibt der Samen unverändert

Weitere Experimente
siehe Heft 2, Seite 4 und 34; Heft 4, Seite 16; Heft 6, Seite 3.

Bilderbücher/Sachbücher

„Wohnt Gott im Wind“
von Regine Schindler / Eleonore Schmid. Verlag Ernst Kaufmann, Lahr 1992.

„Jan wundert sich“
von Masahiro Kasuya. Friedrich Wittig Verlag, Hamburg 2. Aufl. 1987.

„Die Schöpfungsgeschichte“
von Jane Ray. Verlag Herder, Freiburg, Basel, Wien 1992.

„Die Schöpfung den Kindern erzählt“
von Maria-Regina Bottermann / Heide Mayr-Pletschen. Verlag Butzon & Bercker, Kevelaer 2. Aufl. 1992.

„Schöpfung“
von Masahiro Kasuya. Friedrich Wittig Verlag, Hamburg 10. Aufl. 1990.

„Als Gott die Erde schuf“
von Stephanie Jeffs / Doug Hewitt. Verlag der Francke-Buchhandlung, Marburg 1992.

„Unsere Welt aus Gottes Hand“
von Emil Maier-F. / Michael Liß. Verlag Katholisches Bibelwerk, Stuttgart 1991.

„Die Erde ist dein Haus, der Himmel ein Fenster“
von Bernhard Oberdieck/Luise Griebler. ars edition, München 1986

„Schöpfung“
von Dietrich Steinwede / Fulvio Testa. Verlag Ernst Kaufmann, Lahr 1972.

„Es werde Licht“
von Masahiro Kasuya. Friedrich Wittig Verlag, Hamburg 2. Aufl. 1990.

„Wunderbare Welt“
von Nick Butterworth / Mick Inkpen. Oncken Verlag, Wuppertal und Kassel 3. Aufl. 1992.

„Der Prinz und die Blume“
von Ingrid Mylo / Linda Wolfsgruber. bohem press, Zürich 1989.

„Der kleine Gärtner“
von Gerda Marie Scheidel / Bernadette. Nord-Süd Verlag, Gossau Zürich und Hamburg 1985.

„Meine Fahrt ans Meer“
von Ichisaburo Sawai. Friedrich Wittig Verlag, Hamburg 1986.

„Unsere Erde - ein Geschenk“
von Claudia Jacobs / Eva Maria Spaeth. Friedrich Wittig Verlag, Hamburg 1980.

„Der ängstliche kleine Spatz“
von Meryl Doney / William Geldart. Brunnen Verlag, Gießen, Basel 11. Aufl. 1992.

„Der Spatz im falschen Hemd“
von Waldemar Mandzel. Verlag Butzon & Bercker, Kevelaer 1990.

„Stolperspinnlein“
von Else Schwenk-Anger / Steffi Schwenk. ESA-Verlag, Alpirsbach 1986.

„Die kleine Spinne spinnt und schweigt“
von Eric Carle. Gerstenberg Verlag, Hildesheim.

„Mittendrin bin ich“
von Hiromi Beppu. Friedrich Wittig Verlag, Hamburg 1991.

„Komm mit zum Weiher“
von Günter Spang / Wilfried Blecher. Sellier Verlag, Eching bei München 2. Aufl. 1988.

„Folgt den Spuren“
von Eva M. Spaeth / Helge Nyncke. Sellier Verlag, München 1993.

„Die Wassertropfenreise“
von Otmar Grissemann. Jugend und Volk Verlagsgesellschaft, Wien 3. Aufl. 1991.

„Winde wehen“
von Eleonore Schmid. Nord-Süd Verlag, Gossau Zürich und Hamburg 1992

„Zauber der Natur“
von Una Jacobs. Sellier Verlag, München 1989.

„Unsere Erde“
von Siegfried Aust / Matthias Beck / Thomas Menzel. Ravensburger Buchverlag Otto Maier 1991.

„Die Erd-Uhr“
von Una Jacobs. Verlag Heinrich Ellermann, München 6. Aufl. 1991.

„Die Wald-Uhr“
von Irmgard Lucht. Verlag Heinrich Ellermann, München 6. Aufl. 1991.

„Die Grüne Uhr“
von Irmgard Lucht / Christa Spangenberg. Verlag Heinrich Ellermann, München.

„Die Sonnen-Uhr“
von Una Jakobs. Verlag Heinrich Ellermann, München 4. Aufl. 1988.

„Sonne und Wind. Wer ist der Stärkste?“
von Bernadette. Nord-Süd Verlag, Gossau Zürich und Hamburg 1992.

„Sonnen-Jan und Regen-Jan“
von Jutta Timm / Ursel Scheffler. Verlag Heinrich Ellermann, München 1993.

„Mein Bilderbuch von Erde, Wasser, Luft und Feuer“
von Irmgard Eberhard / Wolf Harranth. Ravensburger Buchverlag Otto Maier, 1990.

Aus der Reihe: **„Die vier Elemente“** im Dr. Hans Peters Verlag, Hanau:
„Erde“ 1992
„Feuer“ 1991
von Kate Petty / Chris Fairclough.
„Wasser“ 1991
„Luft“ 1992
von Su Swallow / Chris Fairclough.

„Herders Großes Bilderlexikon“
von Robert André. Verlag Herder, Freiburg, Basel, Wien 15. Aufl. 1992.

Aus der Reihe: **„Zu meiner Welt gehören“** im Herold Verlag, Stuttgart 1992.
„Pflanzen und Tiere“

Bücher für Erzieher

„Die Erde lebt“
von Federica Colombo / Maria Luisa Del Frate / Claudio Smiraglia. Verlag Herder, Freiburg, Basel, Wien 4. Aufl. 1988.

„Bei uns in der Natur“
von Michael Chinery. Verlag Herder, Freiburg, Basel, Wien 2. Aufl. 1990.

Aus der Reihe: **„Streifzüge durch die Natur“** im Verlag Herder, Freiburg, Basel, Wien:
„Der Teich lebt“
von Solange Duflos / Jean-Louis Graille. 6. Aufl. 1987.
„Die Wiese lebt“
von Solange Duflos. 13. Aufl. 1988.
„Der Wald lebt“
von Solange Duflos. 13. Aufl. 1989.
„Der Fluß lebt“
von Solange Duflos / Jean-Louis Graille.
„Der Berg lebt“
von G. Steinbach.
„Der Strand lebt“
von Solange Duflos / R. Brandicourt.

„1000 Natur Wunder“
von Laura Casnici. Favorit-Verlag, Rastatt.

Aus der Reihe: **„Wissen Warum“** im Verlag Herder, Freiburg, Basel, Wien:
„Wohnort Erde“
von von D.C. Money. 1991.

„Feuer - Erde - Wasser - Luft“
von Dieter Stork / Reinhard Horn. Don Bosco Verlag, München 1993.
Umwelt erleben in Kindergarten und Grundschule.

„Die Elemente im Kindergartenalltag“ im Verlag Herder, Freiburg, Basel, Wien:
„Wasser“ 1991
„Luft“ 1992
„Erde“ 1992
„Feuer“ 1993
von Gisela Walter.

Unsere Umwelt – die Welt, in der wir leben

Gespräche

Ausgang

Schaukasten

Experiment

Ausstellung

Die Schöpfung

Gespräche

Ausgang

Experimente

Bilderbücher / Sachbücher

Willkommen, lieber Mai

Gespräche

Ausgang

Feiern

Reime

Tätigkeiten

Bilderbücher/Sachbücher

Geschichte

Klanggeschichte

Lieder

Tänze

Manuelles Gestalten

Religiöse Erziehung

Biblische Geschichte

Geschichten

Reime

Lieder

Gebet

Manuelles Gestalten

Tätigkeiten

Bilderbücher/Sachbücher

Geschichten

Märchen

Reime

Lieder

Manuelles Gestalten

„Deine Welt ist meine Welt“
von Rolf Krenzer. Verlag Herder, Freiburg, Basel, Wien 1989.

Themenmappe 1
„Eine Hand voll Erde, eine Hand voll Gottes Schöpfung“
von Holger Kiesé. Agentur des Rauhen Hauses, Hamburg.

Biblische Geschichte

Aus dem Buch Genesis

Erster Schöpfungsbericht

1 1 Am Anfang schuf Gott den Himmel und
die Erde. 2 Die Erde aber war wüst und leer.
Finsternis lag über dem Abgrund, und der
Geist Gottes schwebte über den Wassern.
3 Da sprach Gott: „Es werde Licht!“ Und es
ward Licht. 4 Gott sah, daß das Licht gut war,
und Gott schied zwischen dem Licht und der
Finsternis. 5 Gott nannte das Licht Tag, und
die Finsternis nannte er Nacht. Es ward
Abend, und es ward Morgen: erster Tag.
6 Nun sprach Gott: „Es werde ein Firmament
inmitten der Wasser und scheide zwischen
Wasser und Wasser!“ Und es geschah so. 7
Gott machte das Firmament, und es schied
zwischen den Wassern unterhalb des Firma-
mentes und den Wassern oberhalb des Firma-
mentes. 8 Gott nannte das Firmament Himmel.
Es ward Abend, und es ward Morgen: zweiter
Tag.
9 Nun sprach Gott: „Es sammle sich das Was-
ser, das unter dem Himmel ist, zu einer An-
sammlung, und es erscheine das trockene
Land!“ Und es geschah so. 10 Gott nannte das
trockene Land Erde, und die Ansammlung des
Wassers nannte er Meer. Und Gott sah, daß es
gut war.
11 Dann sprach Gott: „Es lasse grünen die Er-
de Grünes, Kraut, das Samen bringt, und
Fruchtbäume, die Früchte auf Erden tragen, in
denen ihr Same ist!“ Und es geschah so. 12 Die
Erde brachte Grünes hervor, Kraut, das Samen
bringt nach seiner Art, und Bäume, die Früch-
te tragen nach ihrer Art, in denen ihr Same ist.
Und Gott sah, daß es gut war. 13 Es ward
Abend, und es ward Morgen: dritter Tag.
14 Nun sprach Gott: „Es sollen Leuchten wer-
den am Firmament des Himmels, damit sie
scheiden zwischen dem Tag und der Nacht; sie
sollen als Zeichen dienen, für Festzeiten und
Tage und Jahre. 15 Sie sollen Leuchten sein am
Firmament des Himmels, um über die Erde zu
leuchten.“ Und es geschah so. 16 Gott machte
die beiden großen Leuchten, die größere
Leuchte zur Herrschaft über den Tag, die klei-
nere Leuchte zur Herrschaft über die Nacht,
dazu die Sterne. 17 Gott setzte sie an das Fir-
mament des Himmels, damit sie über die Erde
leuchten, 18 damit sie über den Tag und über
die Nacht herrschen und zwischen dem Licht
und der Finsternis scheiden. Und Gott sah, daß
es gut war. 19 Es ward Abend, und es ward
morgen: vierter Tag.
20 Nun sprach Gott: „Es sollen die Wasser
wimmeln vom Gewimmel lebendiger Wesen,
und Vögel sollen über die Erde am Firmament
des Himmels hinfliegen!“ Und es geschah so.
21 Gott schuf die großen Seetiere und alle le-
bendigen Wesen, die sich regen und von denen
das Wasser wimmelt, nach ihren Arten, und al-
le geflügelten Vögel nach ihren Arten. Und
Gott sah, daß es gut war. 22 Gott segnete sie
und sprach: „Seid fruchtbar und mehret euch
und erfüllet das Wasser in den Meeren, und die
Vögel sollen sich vermehren auf Erden.“ 23 Es
ward Abend, und es ward Morgen: fünfter
Tag.
24 Nun sprach Gott: „Es bringe die Erde her-
vor lebendige Wesen nach ihren Arten: Vieh,
Gewürm und Wild des Feldes nach ihren Ar-
ten!“ Und es geschah so. 25 Gott machte das
Wild des Feldes nach seinen Arten, das Vieh
nach seinen Arten und alles Gewürm auf dem
Erdboden nach seinen Arten. Und Gott sah,
daß es gut war.
26 Nun sprach Gott: „Laßt uns den Menschen
machen nach unserem Bilde, uns ähnlich. Sie
sollen herrschen über die Fische des Meeres
und über die Vögel des Himmels, über das
Vieh und über alles Wild des Feldes und über
alles Gewürm, das auf dem Erdboden kriecht!“
27 Und Gott schuf den Menschen nach seinem
Bilde, nach dem Bilde Gottes schuf er ihn, als
Mann und Frau schuf er sie.
28 Gott segnete sie, und Gott sprach zu ihnen:
„Seid fruchtbar und mehret euch und erfüllet
die Erde und macht sie euch untertan! Herr-
schet über die Fische des Meeres und über die
Vögel des Himmels und über alles Getier, das
sich auf Erden regt!“ 29 Dann sprach Gott:
„Seht, ich übergebe euch alles Kraut, das Sa-
men hervorbringt auf der ganzen Erde, und al-
le Bäume, die samentragende Früchte hervor-
bringen; das sei eure Nahrung. 30 Allem Wild
des Feldes, allen Vögeln des Himmels und al-
lem, was sich auf Erden regt und Lebensodem
in sich hat, gebe ich alles grüne Kraut zur Nah-

rung!“ Und es geschah so. 31 Und Gott sah alles, was er gemacht hatte, und siehe, es war sehr gut. Es ward Abend, und es ward Morgen: sechster Tag.

2 1 So wurden Himmel und Erde mit ihrem ganzen Heer vollendet. 2 Gott vollendete am siebten Tag sein Werk, das er gemacht hatte, und ruhte am siebten Tag von seinem ganzen Werk, das er gemacht hatte. 3 Und Gott segnete den siebten Tag und heiligte ihn, denn an ihm ruhte er von seinem ganzen Schöpfungswerk.
4A Dies ist die Entstehungsgeschichte des Himmels und der Erde, als sie erschaffen wurden.

Geschichten

Pauli hat rote Haare

Jedesmal, wenn Pauli auf den Spielplatz kommt, beginnen die Kinder ringsum zu lachen und zu schreien. Niemand läuft zu ihm hin, um ihn zu begrüßen. Ganz allein steht der kleine Kerl auf der Wiese und schaut die anderen traurig an. Was ist denn da nur los? Wenn du Pauli einmal treffen könntest, wüßtest du es sofort. Er sieht nämlich ein bißchen anders aus als die übrigen Kinder. Er hat zwar eine Nase wie du, auch zwei flinke Augen wie du, seine Beine tragen ihn ebenso schnell, wie dich deine tragen, und auf dem Kopf hat Pauli Locken wie du. Aber es sind keine schwarzen Haare wie deine, auch keine blonden wie die von Inge und keine braunen wie die von Susi. Paulis Haare leuchten ganz rot.

Es gibt nicht viel Kinder mit roten Haaren, deshalb lachen Martin und seine Freunde auch so darüber. Martin laufen vor Lachen schon die Tränen aus den Augen.
Doch plötzlich steht er seiner Mutter gegenüber. Sie war gerade vom Bäcker zurückgekommen. Diesmal ist ihr Gesicht nicht lieb und freundlich wie sonst. Ohne ein Wort nimmt sie Martin an die Hand. Er muß immer zwei Schritte machen, wenn sie einen macht. So schnell geht sie heute, und sie sagt noch immer nichts. Martin hat ein ganz schlechtes Gewissen.
Was das ist? Ja, es ist nicht ganz einfach, dir das zu erklären. Es ist eine Stimme, die ganz deutlich zu dir spricht. Das Sonderbare daran ist aber, daß man diese Stimme nicht mit den Ohren hört, sondern einfach spürt. Auf einmal ist sie da und sagt dir, wenn du etwas falsch gemacht hast. Aber sie sagt dir ebenso, was du gut und richtig gemacht hast. Dann wirst du auf einmal froh und kannst dich richtig über etwas freuen.
Martin aber kann jetzt nicht froh sein. Sein Gewissen drückt ihn. Ganz deutlich spürt er, wie es zu ihm sagt: Das war gar nicht lieb von dir. Du warst sehr unfreundlich zu dem kleinen Pauli. Du hast nicht mit ihm gespielt, nur weil seine Haare eine andere Farbe haben als deine. Sicher ist Pauli jetzt sehr traurig!
Martin ist nun auch traurig geworden. Wie tut es ihm jetzt leid. „Könnte ich es nur schnell wieder gutmachen!“ wünscht er sich. Mutti kennt ihren Buben und weiß genau, was er jetzt denkt. Deshalb ist sie auch nicht mehr böse auf ihn. Lieb streichelt sie Martin und sagt: „Es gibt rote Blumen, blaue, gelbe und weiße, und alle hat der liebe Gott gemacht. Es gibt so viele Vögel. Jeder sieht ein bißchen anders aus, weil Gott ihn erschaffen hat. Es gibt so viele Tiere, und alle sind gerade so, wie Gott es wollte. Nun gibt es auch verschiedene Menschen. Große, kleine, schwarze und weiße, gesunde und kranke. Manche haben schwarze Haare, manche blonde und manche eben rote. Jeder sieht genau so aus, wie unser Vater im Himmel es will. Alle hat er gleich lieb, denn alle sind wir seine Kinder.“ Als Pauli am nächsten Tag auf den Spielplatz kommt, beginnen die Kinder wieder zu lachen und zu schreien. Aber was ist das? Schon ist Martin neben ihm. Ganz laut sagt er, so daß es alle hören können: „Spielst du mit mir? Ich möchte gerne dein Freund sein!“

Aus:
Renate Wunderlich-Bojko, „Martin findet seinen Weg“, Don Bosco Verlag, München 1982, (vergriffen).

Die Muschel und der Fisch

Tief unten, am Grunde eines Sees, lebte einmal eine Muschel. Ihre Schalen waren dunkel wie der Grund des Sees. Man mußte sehr genau hinsehen, um die Muschel nicht zu übersehen.
Die Muschel machte nichts aus sich. Sie war zufrieden, dazuliegen und zu staunen. Es gab viel zu bestaunen: dunkelgrüne Wasserpflanzen, eine große Zahl von Steinen, große, kleine, runde und kantige und verschiedenartige Fische.
Am besten gefiel der Muschel, wenn Vollmond war. Dann stand der Mond als runde Scheibe über dem Wasser, und das milde Mondlicht leuchtete hinab auf den Grund des Sees bis zu unserer Muschel. Die lag dann ganz still da und schaute und nahm das Licht in sich hinein, in ihr Inneres, in ihr Herz.
Eines Tages kam ein Fisch zur Muschel geschwommen. „Sieh mal an, eine Muschel“, sagte der Fisch. „Bald hätte ich dich übersehen, du kleines Muschelding.“ Der Fisch sprach so; er war nämlich ein sehr eingebildeter, ein sehr stolzer Fisch. Dann holte er tief Atem und schwamm vor der Muschel hin und her. So konnte man ihn von allen Seiten sehen und sein schillerndes Schuppenkleid bewundern.
Wie schön ist der Fisch, dachte die Muschel. Wie kann er sich drehen und wenden. Er ist sehr beweglich, gewandt. Es fiel der Muschel aber nicht ein, dem Fisch neidig zu sein.
Sie war einfach eine Muschel und saß am Boden des Sees. Es gefiel ihr, zu lauschen, zu schauen. Vor allem aber gefiel ihr das milde Licht des Mondes. Sie war mit sich zufrieden.
Unser Fisch aber tanzte vor der Muschel im Kreise. Er schimmerte und schillerte. Er zeigte alle seine Künste. Er wollte bewundert werden. Dabei merkte er nicht, wie es sehr gefährlich wurde.
Es kam nämlich ein riesiger Fisch angeschwommen, das Maul weit aufgerissen, hungrig nach Beute. „Paß auf“, rief die kleine Muschel, „paß auf!“ Erschrocken fuhr der Fisch herum. Mit einem festen Schlag seiner Schwanzflosse rettete er sich in eine Felsspalte. Hier saß er nun mit klopfendem Herzen, aber nur kurze Zeit. Bald schon hatte er alle Gefahr vergessen.
Der Fisch fing an, sich wieder zu zeigen. Ja, er sprang jetzt sogar in seinem Übermut aus dem Wasser heraus, hoch in die Luft. Er wollte sich im Wasserspiegel sehen. Er wollte wissen, wie schön er sei. Da die Muschel ihn aber nicht bewunderte, lobte er sich selbst und schwamm selbstgefällig davon.
Eines nachts, als der Himmel voller Sterne hing und der Mond rund und voll leuchtete, kam der Fisch wieder zur Muschel angeschwommen. Unsere Muschel lag da ganz ruhig und tat, was sie so gerne tat, lauschen, schauen. „Was machst du da?“ fragte sie der Fisch. „Ich bin still“, antwortete die Muschel. „Wenn man still ist, beginnen die Dinge zu reden. Alles hat seine Sprache. Hörst du das Wasser, die Pflanzen, die Steine? Wenn man in Ruhe ist, fängt alles zu leuchten an. Siehst du den Himmel, die Sterne, den gelben Mond?“
Der Fisch verstand davon nichts. „Dinge können nicht reden“, meinte er. „Was du siehst, ist nichts Besonderes. Still und ruhig und langweilig. Überhaupt bist du ein langweiliges Muscheltier. Bewegen muß man sich können, bewegen, so wie ich es kann.“ Verächtlich drehte er sich um und schwamm davon.
In dieser Nacht fuhr ein Fischer mit seinem Boot über den See. Er warf seine Netze aus. Dann wartete er in seinem Boot auf den Morgen.
Als die Sonne aufging, waren die Netze voll und schwer. Der Fischer zog sie ins Boot. Vieles kam da ans Licht: Wasserpflanzen, Muscheln, Fische, Brauchbares und Unbrauchbares. Unter dem Fang waren auch unsere Muschel und unser Fisch.
Der Fischer begann, sein Netz zu leeren. Fisch kam zu Fisch. Bald war das halbe Boot voller Fische. Einer lag neben dem anderen. Einer glich dem anderen. Heute noch würden sie zum Markt gebracht und verkauft werden. Der Fischer lebte schließlich von den Fischen.
Dann holte der Fischer aus dem Netz, was sich sonst noch darin befand. Als er die dunkelbraune Muschel ergriff, spürte er, in ihr muß ein Schatz verborgen sein. Behutsam öffnete er sie. Da ergriff ihn Staunen. Noch nie hatte er so Wunderbares gesehen. Die Innenseiten der Schalen glänzten wie Silber, und es fand sich in der Muschel eine Perle, kostbar, schön.
Alles, was die Muschel tief unten auf dem Grund des Sees in Stille und Ruhe gelauscht, geschaut, was sie in ihr Herz aufgenommen hatte, war zu einem Schatz geworden, zu einer edlen Perle.

Anmerkungen
Eigene Ideen
Notizen

Aus: Rel. päd. Praxis 1986/2, S. 34 ff/RPA Verlag Landshut.

Wasser spielen mit den Händen.
Glockenspiel

Mond spielen.

Triangel

Glockenspiel

Trommel

Sterne und Mond mit den Händen spielen.

Cimbeltöne

Muschel in die Hand nehmen, öffnen und ihren Schatz zeigen.

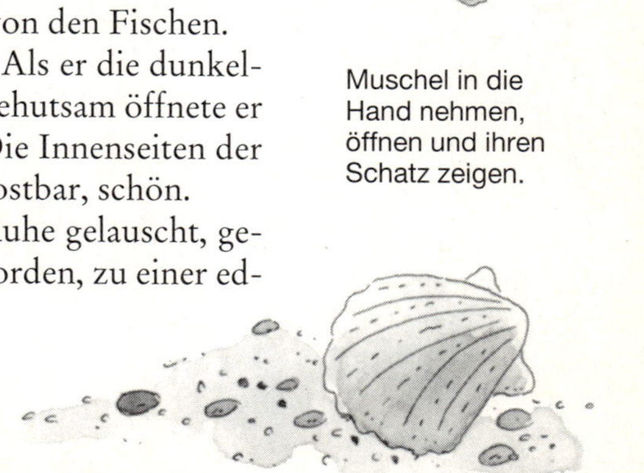

Anmerkungen
Eigene Ideen
Notizen

Reime

Passende Reime siehe Heft 2, Seite 6 und 7, sowie Heft 6, Seite 9 und 10.

Lieder

Keiner dem andern gleich

Text und Melodie: Hans Baumann

Aus:
Hans Baumann,
„Der Zauberball“,
Verlag Möseler,
Wolfenbüttel.

2. Durch die Wälder laß uns gehn,
durch den Park und durch Alleen:
Nicht ein Baum ist dem andern gleich –
das macht das Reich der Bäume reich.

3. Was da schnurrt und kräht und singt,
fliegt und schwimmt und kriecht und springt:
Nicht ein Tier ist dem andern gleich –
das macht das Reich der Tiere reich.

4. Du und ich und jedermann –
sieh dir hundert andre an:
Nicht ein Mensch ist dem andern gleich –
das macht das Reich der Menschen reich.

In einem Baum

Text und Melodie: Wolfgang Longardt

Entnommen aus:
„Weil du mich so magst“,
Religiöse Kinderlieder von
Gerhard Krombusch / Ludger Edelkötter,
Impulse – Musikverlag,
Drensteinfurt.

2. Kleine Spinnen, große Spinnen,
Käfer in der Rinde drinnen.
Schau es dir doch an,
freue dich daran.

3. Eichhörnchen und kleine Maus
haben hier ihr großes Haus.
Schau es dir doch an,
freue dich daran.

4. Gott, der schuf so manch' Getier,
seiner Welt zur großen Zier.
Schau es dir doch an,
freue dich daran.

Feuer hat der Herr gemacht

Text: Renate Lüber / Melodie: Bernd Seitz

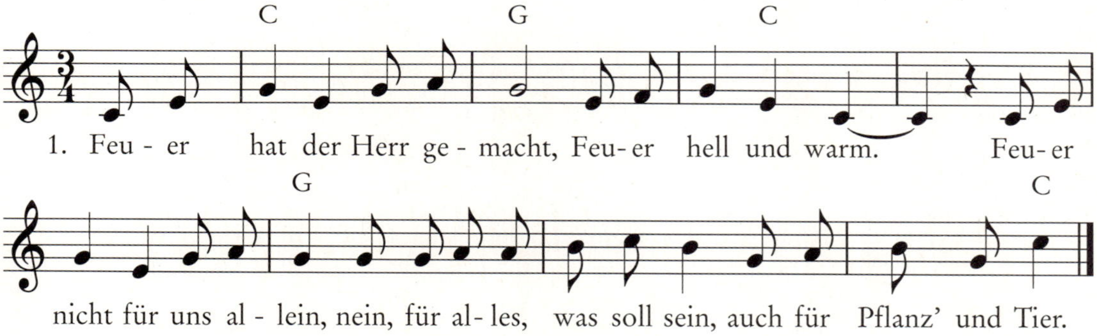

2. Erde hat der Herr gemacht,
Erde voller Kraft.
Erde nicht für uns allein,
nein, für alles, was soll sein,
auch für Pflanz' und Tier.

3. Wasser hat der Herr gemacht,
Wasser klar und rein.
Wasser nicht für uns allein,
nein, für alles, was soll sein,
auch für Pflanz' und Tier.

4. Luft, die hat der Herr gemacht,
Luft sauber und frisch.
Luft nicht nur für uns allein,
nein, für alles, was soll sein,
auch für Pflanz' und Tier.

5. Ja, der Mensch ist doch so klein
in der großen Welt.
Er ist nur ein Teil von ihr,
neben ihm gibt's Pflanz' und Tier,
denke stets daran!

Anmerkungen
Eigene Ideen
Notizen

Wer? – Ein Spiellied

Text: Dieter Stork
Melodie: Reinhard Horn

2. Wer malt den Himmel grau in grau,
am andren Tag dann klar und blau?
Wer gibt den Schlaf, wer schenkt die Nacht?
Wer hat den Sommerregen gebracht?
Wer weckt die Saat, den Halm, das Korn?
Wer macht, daß Kinder werden gebor'n?

3. Du Gott, hast unsere Welt gemacht:
Du schenkst den Tag, du schenkst die Nacht,
du schaffst das Blatt, den Baum, den Zweig,
weckst Tote auf, machst Arme reich.
Du schufst den Himmel, die Erde, die Welt:
Du bist's, der mich rief und mich trägt und hält.

Aus:
Dieter Stork /
Reinhard Horn,
„Feuer – Erde –
Wasser – Luft",
Don Bosco Verlag,
München 1993

Anmerkungen
Eigene Ideen
Notizen

Wir pflügen und wir streuen

Text: Matthias Claudius 1783
Musik: Hannover um 1800 – EKG Nr. 483

2. Er sendet Tau und Regen / und Sonn- und Mondenschein
und wickelt seinen Segen / gar zart und künstlich ein
und bringt ihn dann behende / in unser Feld und Brot:
es geht durch unsre Hände, / kommt aber her von Gott.
Alle gute Gabe …

3. Was nah ist und war ferne, / von Gott kommt alles her,
der Strohhalm und die Sterne, / das Sandkorn und das Meer.
Von ihm sind Büsch und Blätter / und Korn und Obst, von ihm
das schöne Frühlingswetter / und Schnee und Ungestüm.
Alle gute Gabe …

4. Er läßt die Sonn' aufgehen, / er stellt des Mondes Lauf;
er läßt die Winde wehen / und tut die Wolken auf.
Er schenkt uns so viel Freude, / er macht uns frisch und rot;
er gibt den Kühen Weide / und seinen Kindern Brot.
Alle gute Gabe …

Er hält die ganze Welt in seiner Hand

Spiritual

2. Er hält mein Leben gnädig in seiner Hand,
er hält dein Leben gnädig in seiner Hand,
er hält mein Leben gnädig in seiner Hand,
er hält die ganze Welt in seiner Hand.

3. Er hält die Menschen alle in seiner Hand,
aus allen Völkern, Rassen, aus jedem Land,
er hält die Menschen alle in seiner Hand,
er hält die ganze Welt in seiner Hand.

4. Er hält die ganze Welt in seiner Hand,
er hält die ganze Welt in seiner Hand,
er hält die ganze Welt in seiner Hand,
er hält die ganze Welt in seiner Hand.

Anmerkungen
Eigene Ideen
Notizen

Weitere Lieder
siehe: Heft 2, „Was ist das für ein Wetter heut“; Heft 5, „Unser Körper“, und Heft 6, „Der Herbstwind läßt die Drachen steigen“.

Manuelles Gestalten

Malen

Wir malen Bilder von
- **Pflanzen**
- **Tieren**
- **Menschen**

Hierbei verwenden wir verschiedene Materialien, u.a. auch nasse Kreide.

Wir malen die **Schöpfungsgeschichte** großflächig als Wandfries.

Schneiden und Kleben

Unsere Erde
Mit Bildmaterial aus Zeitschriften, Kalendern ... fertigen wir in Gemeinschaftsarbeit eine große Collage.

Gestalten

Wir gestalten **Muschelbilder.** Hierzu kleben wir Muscheln, z.B. als Muster auf Karton.

Sandbilder:
Siehe Heft 9, Seite 47.

Falten

Schiffe: Siehe Heft 9, Seite 47.

Basteln

Windrad: Siehe Heft 2, Seite 17.

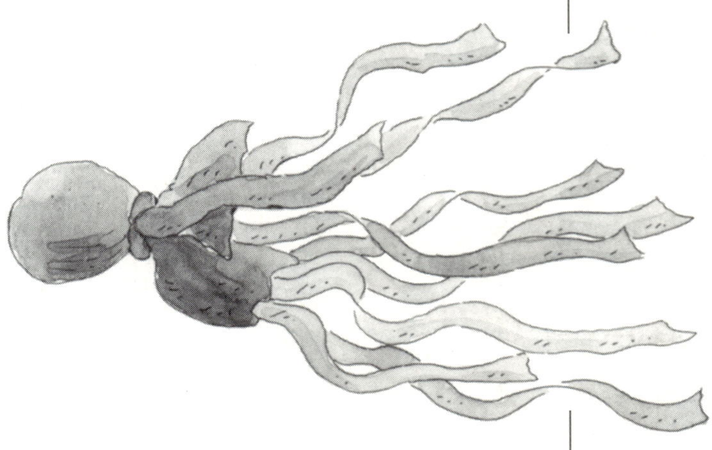

Komet
Material: Schaumstoffball, bunte Bänder in „Feuerfarben“ (gelb, orange, rot), Tuch.
Die Bänder werden über den Ball gelegt und dann alles mit dem Tuch zusammengebunden.

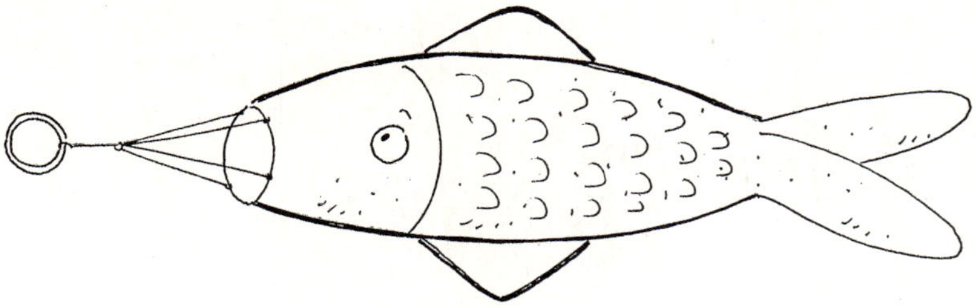

Windfisch
Material: Dünner Nylonstoff, Kunststoffstreifen zum Verstärken der vorderen Öffnung, reißfeste Schnur, Schlüsselring, Karabinerhaken, Stange.
Wir malen unseren Fisch auf Papier vor, übertragen ihn auf den doppelt gelegten und gesteckten Stoff und schneiden die Teile zusammen aus. Nun nähen wir unseren Fisch oben und unten zusammen. Vorn und hinten bleibt er natürlich offen, damit die Luft durchströmen kann. An der vorderen Öffnung werden nun der Kunststoffstreifen eingenäht, drei Löcher eingestanzt und durch jedes Loch eine Schnur gezogen. Die Schnüre werden miteinander verknotet und der Schlüsselring angeknüpft. An der Stange wird der Karabinerhaken befestigt, in den wir unseren Schlüsselring einhängen.

Wasserrad
Material: Dachlatten, Vierkantstab, Latten von Obstkisten, Nägel, Krampen.
Aus den Obstkistenlatten sägen wir vier gleich große Schaufeln und nageln diese an den Vierkantstab. An den Enden des Stabes wird je ein Nagel zur Achsenverlängerung eingeschlagen. Aus den Dachlatten zimmern wir den Ständer, auf den das Wasserrad aufgelegt und mit den Krampen festgehalten wird.

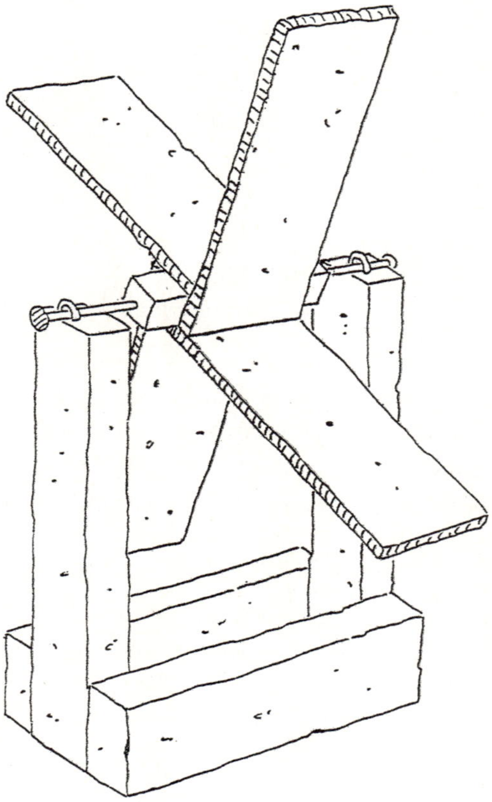

Gebet

Großer Gott, wie gut bist Du! Lieber Gott, wir danken Dir.
Du hast die Welt geschaffen. Lieber Gott, wir danken Dir.
Du hast Mensch und Tier erschaffen. Lieber Gott, wir danken Dir.
Du läßt die Bäume wachsen. Lieber Gott, wir danken Dir.
Du läßt die Blumen blühen. Lieber Gott, wir danken Dir.
Du läßt die Früchte reifen. Lieber Gott, wir danken Dir.
Du gibst uns Brot und Trauben. Lieber Gott, wir danken Dir.
Du gibst uns Trost und Speise. Lieber Gott, wir danken Dir.
Sei gelobt in Ewigkeit, Amen.

Volksgut

Anmerkungen
Eigene Ideen
Notizen

Unsere Umwelt - die Welt, in der wir leben

Information

● Unter Umwelt verstehen wir einerseits die Gesamtheit aller Umweltfaktoren, die von einem Lebewesen wahrgenommen werden, auf es einwirken und seine Lebensbedingungen beeinflussen, was jedoch nur einen Ausschnitt seiner Umgebung darstellt.
Andererseits die gesamte Umgebung eines Lebewesens: also die biologische Umwelt, d.h. den natürlichen Lebensraum; die soziale Umwelt, wie z.B. die Artgenossen bzw. die Mitmenschen, und die kulturelle, hier vor allem die technisch veränderte Umwelt, so beispielsweise das Leben in der Stadt.

● Global betrachtet sind alle Lebensräume voneinander abhängig. Sie bilden ein vernetztes System. Auch der Mensch gehört zu diesem System und sollte sich deshalb so verhalten, daß er seiner Umwelt, einschließlich der Natur keinen Schaden zufügt. Umweltschutz bedeutet in diesem Sinne auch gleichzeitig Naturschutz, da wir als ein Teil der Natur nicht nur von ihr oder gar gegen sie, sondern nur mit ihr leben und überleben können. „Die Natur braucht uns nicht, aber wir brauchen die Natur."

● Bei den Indianern beispielsweise galt jedes Geschöpf und jeder Teil der Erde als heilig. Die Natur zu zerstören hieß für sie, das Leben selbst zu zerstören. Ein Ausspruch von Chief Seattle, einem großen Indianerhäuptling, lautet: „Die Erde ist deine Mutter. Was der Erde geschieht, geschieht allen Söhnen und Töchtern der Erde."

● Diese Aussage hat an Gültigkeit bis heute nichts verloren. Mit dem Anwachsen der Bevölkerung und der beginnenden Industrialisierung wurde die Natur jedoch in zunehmendem Maße ausgebeutet und zerstört:
- Wälder wurden gerodet;
- Feuchtwiesen und Moore trockengelegt und Flüsse begradigt;
- große Flächen bebaut und zubetoniert;
- Monokulturen angelegt und Hecken abgeholzt,
- Abwässer aus Haushalten und Industrieanlagen ungereinigt in Bäche, Flüsse, Seen und Meere geleitet;
- große Mengen fossiler Brennstoffe in Fabriken, Kraftwerken, Haushalten und Kraftfahrzeugen verbrannt und die Abgase an die Luft abgegeben;
- FCKWs an die Atmosphäre abgegeben;
- Müllberge in die Landschaft gesetzt und Meere als Müllkippe verwendet.

● Die Folgen:
– Durch das Roden der Wälder wird der Lebensraum vieler Pflanzen und Tiere vernichtet; die ungeschützte Humusschicht des Bodens wird weggeweht und weggeschwemmt; der Boden verliert die Fähigkeit, Wasser zu speichern; Lawinen und Geröllstürze treten vermehrt auf und werden nicht mehr aufgehalten; die Luft wird nicht mehr von Verunreinigungen gefiltert; der für uns so lebensnotwendige Sauerstoff nicht mehr ausreichend produziert und das Klima negativ beeinflußt.
– Durch die Trockenlegung von Feuchtgebieten und die Begradigung von Flüssen sinkt der Grundwasserspiegel, wertvoller Lebensraum für Pflanzen und Tiere geht verloren, und bei anhaltenden Regenfällen kommt es schneller zu Überschwemmungen.
– Durch das Bebauen und Zubetonieren großer Flächen gehen Lebensräume für Pflanzen und Tiere verloren, Regenwasser muß durch die Kanalisation abgeleitet werden und wird somit dem Grundwasser entzogen.

Anmerkungen
Eigene Ideen
Notizen

– Durch das Anlegen von Monokulturen und das Abholzen von Hecken gehen wiederum wichtige, natürliche Lebensräume für Pflanzen und Tiere verloren; die Bodenerosion wird begünstigt; die Böden werden überdüngt und mit Rückständen von Unkrautvernichtungs- und Pflanzenschutzmitteln belastet, was die Gewässer und das Grundwasser verunreinigt.
– Durch das Einleiten von Abwässern in die Gewässer wird deren ökologisches Gleichgewicht gestört; ihre Selbstreinigungskräfte gehen verloren, und der Lebensraum für Wasserpflanzen und die in den Gewässern lebenden Tiere wird zerstört.
– Durch die Verbrennung fossiler Brennstoffe kommt es zu übersäuerten Niederschlägen (saurer Regen), die das Waldsterben, die beschleunigte Verwitterung von Bauwerken und eine zusätzliche Verschmutzung der Gewässer verursachen; es kommt zum Sommer- und Wintersmog; ein Treibhauseffekt entsteht, der langfristig das Klima verändert.
– Durch den Gebrauch von FCKWs als Treib- und Reinigungsmittel wird die erdumschließende Ozonschicht angegriffen. Löcher entstehen; die schädliche Strahlung, die u.a. Hautkrebs verursacht, wird nicht mehr zurückgehalten.
– Große Naturflächen werden mit Müll zugedeckt und somit vielen Pflanzen und Tieren der natürliche Lebensraum entzogen; der immer mehr werdende Müll und vor allem alte Müllhalden verseuchen das Grundwasser; durch die Verrottung und die Verbrennung von Müll entstehen darüber hinaus giftige Gase.
– Die Meere als Endstation der Flüsse schlucken Unmengen von Abfall wie Öle, Schwermetalle, Chemikalien und Atommüll; ihr ökologisches Gleichgewicht bricht zusammen; die Schadstoffe gelangen zwangsläufig in die Nahrungskette, an deren Ende der Mensch steht.

● Unter Umwelt- und Naturschutz versteht man nun die Gesamtheit der Maßnahmen, die dazu dienen, die natürlichen Lebensräume von Menschen, Tieren und Pflanzen zu erhalten, weitere Zerstörung zu verhindern und das ökologische Gleichgewicht der Natur wiederherzustellen. Hier unterscheidet man zwischen dem biologischen bzw. ökologischen und dem technischen Umweltschutz. Unter ökologischem Umweltschutz versteht man den Schutz der natürlichen Lebensräume von Menschen, Tieren und Pflanzen. Unter technischem Umweltschutz alle technischen Maßnahmen zur Sicherung einer gesunden Umwelt, zur Vorbeugung und Behebung von Umweltschäden. Hierzu gehören die Abwasserreinigung und die Wasseraufbereitung, die Müllbeseitigung und der Strahlenschutz sowie Maßnahmen gegen die Luftverschmutzung und gegen den Lärm.
Auf Landes- und Bundesebene befassen sich Ministerien mit dem Umweltschutz, weltweit Organisationen wie z.B. der World Wildlife Fund (WWF) und Greenpeace.

Adressen siehe Heft 2, Seite 4. Weitere können auch bei der Gemeindeverwaltung erfragt werden.

Gespräche

All das oben Erwähnte ist nicht gerade erfreulich, und unsere Kinder haben sicherlich schon das eine oder andere in Familiengesprächen, Fernsehsendungen… mitbekommen.
Kinder im Kindergartenalter sollen und müssen wissen, daß saubere Luft, sauberes Wasser und guter Boden für uns lebenswichtig sind und daß wir unsere Natur schützen müssen. Wir dürfen sie jedoch nicht mit der Gesamtheit der Problematik belasten, für die sie nicht verantwortlich sind und an der sie nichts bzw. noch nichts ändern können.
Kinder brauchen Zuversicht und Zukunft. Schwarzmalerei hilft ihnen nicht. Nur, wer dem Leben und der Natur positiv gegenüber steht, hat auch die Kraft, Dinge zu bewegen und zu verändern.
„Und ginge morgen die Welt unter, ich pflanzte heute noch einen Baum." (Lutherzitat)

Wir reden darüber, was wir zur Erhaltung, zur Entlastung und zum Schutz der Natur und der Umwelt beitragen können. Hier einige Beispiele:

Umwelterziehung beschränkt sich nicht auf einen abgegrenzten Zeitraum, in dem man dieses Thema intensiver behandelt. Umwelterziehung zieht sich als roter Faden durch die gesamte Kindergartenarbeit.

● **Müll vermeiden**, d.h. beispielsweise:
- Vesper immer in einer Vesperdose und Trinken in einer Trinkflasche mitbringen, die ausgewaschen und wiederverwendet werden können;
- keine Filzstifte, sondern unlackierte Holzbuntstifte zum Malen verwenden;
- den Rekorder nicht mit Batterien, sondern mit Strom aus der Steckdose laufen lassen;
- lösungsfreie Klebstoffe verwenden; zum Einkaufen eine Stofftasche verwenden.

Anmerkungen
Eigene Ideen
Notizen

- **Müll sortieren** und dem Recycling zuführen, was bedeutet, daß der Müll wiederverwertet werden kann:
- aus Altglas werden neue Flaschen;
- aus Altpapier gewinnt man Umweltschutzpapier;
- aus Küchen- und Gartenabfällen wird Kompost;
- ebenso lassen sich Metalle, Kunststoffe und Textilien teilweise wieder verwerten.

- **Energie sparen**, wie z.B.:
- nicht unnötig elektrisches Licht brennen lassen;
- die Tür vom Kühlschrank nur wenn nötig öffnen und gleich wieder schließen;
- im Winter, wenn geheizt wird, nicht länger als nötig Türen und Fenster offen lassen;
- nicht unnötig warmes Wasser laufen lassen;
- Sonntagsausflüge nicht nur mit dem Auto, sondern mit dem Fahrrad unternehmen (Radfahren macht Spaß, ist gesund und fördert den Bezug zur Natur).

- **Wasser sparen,** d.h. beispielsweise:
- duschen statt baden;
- beim Zähneputzen Wasserbecher verwenden und nicht das Wasser minutenlang weiterlaufen lassen; Wasserhähne immer gut zudrehen;
- die Toilette nur wenn nötig und nicht zum Spaß spülen.

- **Natur schützen,** d.h.:
- bei Spaziergängen und Wanderungen z.B. im Gebirge die Wege nicht verlassen;
- keine geschützten Blumen pflücken;
- Tiere in ihrem Lebensraum lassen, sie gehören nicht in Schachteln und Gläser;
- kein Fast food, d.h. keine Hamburger kaufen, die aus Regenwaldrindern gebraten sind..., was bedeutet: Kein Fleisch aus Regenwaldgebieten, in denen große Flächen gerodet werden, um Weideland für Rinderherden zu erhalten, deren Fleisch fast ausschließlich in die Industrienationen exportiert wird. Ohne den Schutz der Bäume trocknet der Boden aus, und die Erde wird weggespült. Was nach wenigen Jahren bleibt, ist unfruchtbares Ödland.

Ausgang

Wir machen Spaziergänge
- in die noch „unberührte“ Natur wie den Wald, auf eine Wiese, zu einem Tümpel, an einen Bach...
- in die angelegte Natur wie den Park, den Botanischen Garten... in bebaute Wohngebiete...
- im Regen, natürlich mit Vorankündigung und somit in entsprechender Kleidung.

Wir besuchen einen Bauernhof (siehe Heft 8)

Wir unternehmen, wenn möglich, eine Exkursion zu einem Naturschutzzentrum, einer Ökologiestation, einem Freilandlabor...
Darüber, ob und wo in unserer Umgebung derartige Einrichtungen zu finden sind, informieren die örtlichen Naturschutzverbände.

Wir besuchen eine Töpferei, die dann vielleicht auch unsere Tonwaren brennt.

Naturerlebnisse fördern das Umweltverhalten; denn nur, was man kennt, kann man auch schützen.

Schaukasten

Wir richten uns einen Schaukasten ein. In ihn kommen Mitbringsel von unseren Spaziergängen in die Natur. Dies können beispielsweise sein: schöne Steine, Baumrinden, Waldfrüchte wie Kastanien, Eicheln, Bucheckern..., leere Schneckenhäuser, Vogelfedern, Eierschalen, leere Gehäuse von einer Libellenlarve, Teile von einem Wespennest, die der Wind mit sich fortgetragen hat...
Im Kindergarten haben wir auch die nötige Zeit und Ruhe, um uns diese Dinge auch mit einem Vergrößerungsglas anzusehen.

Ausstellung

Seit März 1993 bietet die

Akademie für Natur und Umweltschutz
beim Ministerium für Umwelt Baden-Württemberg
Kernerplatz 9
70182 Stuttgart
bzw.
Postfach 103439
70029 Stuttgart

eine Activity-Ausstellung für Kinder im Alter von 4 bis 7 Jahren unter dem Thema „Wir und unsere Umwelt" an.
Durch diese für Kindergärten und andere Einrichtungen für Kinder in Baden-Württemberg konzipierte Wanderausstellung sollen die Kinder spielerisch an Natur- und Umweltschutzthemen herangeführt werden.
Dabei sollen sie: Erkennen, wie schön die Natur ist; erste Zusammenhänge in der Natur begreifen lernen; erste Tiere und Pflanzen kennenlernen; lernen, daß bestimmte Tiere auf bestimmte Pflanzen angewiesen sind; kennenlernen, wo die Tiere leben; entdecken, wo die Tiere ihre Jungen großziehen bzw. vor Feinden schützen, und wie man an Spuren Tiere erkennen kann. Ebenso, wie man umweltgerecht einkauft und wie man Müll vermeiden kann.
Ferner sollen sie erkennen, daß auch sie schon durch ihr Verhalten zum Schutz von Umwelt und Natur beitragen können.

Die Exponate werden unentgeltlich zur Verfügung gestellt. Lediglich der Transport und die dabei anfallenden Kosten müssen übernommen werden.

Wer nicht in Baden-Württemberg zu Hause ist, sollte sich erkundigen, ob auch in seinem Bundesland derartiges angeboten wird.

Experiment

„Regenwald"

Wir schaffen uns einen eigenen kleinen Regenwald. Hierfür brauchen wir ein großes Gurken- oder Einmachglas mit Deckel.
In dieses schichten wir Kieselsteine, Holzkohlestücke, die das Wachstum von Schimmelpilzen verhindern, und mit etwas Torf vermischte Blumentopferde.
Im Wald suchen wir an feuchten und schattigen Stellen nach Pflanzen wie Farn, Moos..., graben diese mit Erde und Wurzelwerk aus und pflanzen sie in die leicht angefeuchtete Erde unseres Glasgefäßes.

Danach wird dieses luftdicht verschlossen und an einen hellen Platz gestellt, ohne direkte Sonneneinstrahlung.
Die Pflanzen werden so gut wie nie gegossen, da sich im geschlossenen Glas ein Wasserkreislauf ergibt.

Tätigkeiten

- Wir spielen und bauen im Sand;
- wir pflanzen in der Erde;
- wir modellieren mit Ton;
- wir spielen mit Steinen, sortieren sie;
- wir säen eine Wiese mit Wildblumen aus;
- wir pflanzen einen Baum, einen Busch;
- wir stellen in unserem Garten eine Vogeltränke auf.

- Wir lassen eine Ecke unseres Gartens, die wir nicht zum Spielen benötigen, verwildern, so daß dort auch Brennesseln (sie dienen als Nahrung für bestimmte Schmetterlingsraupen) und andere Pflanzen wachsen können. In dieser Ecke lassen wir auch etwas Laub und Reisig liegen, als Unterschlupf für Igel.

- Wir fertigen ein Heim für Nützlinge. Hierfür brauchen wir einen Blumentopf aus Ton und Holzwolle, die wir mit einem Draht zusammenhalten. Den Draht schieben wir durch die Bodenöffnung des Topfes und befestigen ihn am Ast eines Baumes. So hängt dann der Blumentopf mit der Öffnung nach unten und der Holzwolle darin am Baum als Unterschlupf für Ohrwürmer (sie fressen Blattläuse).

- Wir legen einen Kompost an:
Obwohl es eine ideale Art des Recyclings ist – so sehr wir auch dafür sind und es privat seit vielen Jahren mit guten Erfahrungen in unserem Garten praktizieren, haben wir mit dem Anlegen eines Komposts im Kindergarten bestimmte Bedenken.
Kompost im Kindergarten ja, wenn gewährleistet ist, daß nur ungekochte Obst- und Gemüsereste, Kaffeefilter und Teebeutel, Rasenschnitt, Laub, verwelkte Blumen... auf den Kompost kommen und keine gekochten Speisereste, Brot-, Wurst- und Käsereste... Letztgenannte ziehen ungebetene Gäste wie Ratten an.

- Wir sortieren unseren Müll:
Daß die Abfälle, die im Kindergarten anfallen, entsprechend sortiert und dem Recycling zugeführt werden, dürfte mittlerweile selbstverständlich sein.

- Wir fertigen Collagen, auf denen erkennbar ist, was viel und was wenig Müll hinterläßt – was unsere Umwelt belastet und was unsere Umwelt entlastet. (Daß wir dabei lösungsmittelfreie Klebstoffe verwenden, dürfte auch selbstverständlich sein.)

Bilderbücher/Sachbücher

„Ein Traum, winzig klein . . ."
von Martine Laffon / Antonella Bollinger Savelli. Atlantis Kinderbücher im Verlag Pro Juventute, Zürich 1991.

„Die gelbe Blume"
von Renate Schupp / Marie-José Sacré. bohem press, Zürich, Recklinghausen, Wien, Paris 2. Aufl. 1989.

„Was wird aus Onkel Pedros Weide?"
von Maria Puncel / Teo Puebla. Neuer Finken-Verlag, Oberursel 2. Aufl. 1987.

„Die grüne Insel und die graue Insel"
von Ivan Gantschev. Verlag Neugebauer Press, Salzburg, München 1985.

„Da ist eine wunderschöne Wiese"
von Winfried Opgenoorth / Wolf Harranth. Ravensburger Buchverlag Otto Maier 1988. Lizenzausgabe mit Genehmigung des Verlags Jungbrunnen, Wien, München.

„Der grosse Kapokbaum"
von Lynne Cherry. ars edition, München 1991.

„Eines Tages im großen, grünen Wald"
von Paul Geraghty. Verlag St. Gabriel, Mödling – Wien 1992.

„Ein Baum für Filippo"
von Józef Wilkon / Eveline Hasler. Atlantis Kinderbücher im Verlag Pro Juventute, Zürich 1973.

„Guten Morgen alter Baum"
von Masao Tsurumi / Mamoru Suzuki. Jugend und Volk Verlagsgesellschaft, Wien-München 3. Aufl. 1990.

„Unser Baum"
von Gerda Muller. Ravensburger Buchverlag Otto Maier 1991.

„Unser Haus lebt"
von Gerhard Hofer / Claus Rabba. Neuer Breitschopf Verlag, Wien, Stuttgart 1989.

„Die Hecke"
von Eric Thomas / John T. White. Gerstenberg Verlag, Hildesheim 3. Aufl. 1986.

„Was lebt in unserem Garten"
von Waltraut Schmidt / Christine Adrian. Ravensburger Buchverlag Otto Maier 1983.

„Mein erster Pflanzenführer"
von Susanne Riha. Verlag Carl Ueberreuter, Wien 1992.

„Am Froschweiher"
von Reinhard Michl / Tilde Michels. Gerstenberg Verlag, Hildesheim 1990.

„Im Tal der Frösche"
von Renate Schaefer. Boje Verlag, Erlangen 1993.

„Franz der Frosch"
von Thomas Menzel. Ravensburger Buchverlag Otto Maier 1987.
Eine abenteuerliche Reise durch die bedrohte Welt.

„Die Krötenmutter"
von Isolde Heyne / Corinna Naujok. Wolfgang Mann-Verlag, Berlin 1989.

„Das Fischotterkind"
von Wolfgang Pauls / Thomas Müller. Wolfgang Mann-Verlag, Berlin 1990.

„Krähenschätze"
von Evelyn Hardey / Corinna Naujok. Wolfgang Mann-Verlag, Berlin 1991.

„Der Maulwurf Grabowsky"
von Luis Murschetz. Diogenes Verlag, Zürich 1972.

„‚Wir müssen fliehen!' sagten die Tiere"
von Colin Dann / Erika Dietzsch-Capelle. Annette Betz Verlag im Verlag Carl Überreuter, Wien – München 1988.

„Bubo und die Schmetterlinge"
von Nicoletta Bertelle. bohem press, Zürich 1993.

„Der Bär, der ein Bär bleiben wollte"
von Jörg Müller / Jörg Steiner. Verlag Sauerländer, Aarau 1976.

„Eine Wasserreise"
von Eleonore Schmid. Nord-Süd Verlag, Gossau Zürich und Hamburg 1989.
Der Lauf des Flusses von der Quelle bis zum Meer

„Unsere Arche"
von Claire Littlejohn / Cecilia Fitzsimons. Verlag Sauerländer, Aarau, Frankfurt, Salzburg 1990.
Vom Aussterben bedrohte Tiere. Mit Bastelbogen.

Aus der Reihe: **„Sehen – Staunen – Wissen"** im Gerstenberg Verlag, Hildesheim:
„Bäume"
von David Burnie, 3. Aufl. 1991.

„Warum macht Herr Kringel nicht mit?"
von Ali Mitgutsch. Ravensburger Buchverlag Otto Maier 1973.

„Knille knalle knüll – wohin mit dem Müll"
von Friedrich Kohlsaat / Walther Hohenester. Verlag Heinrich Ellermann, München 5. Aufl. 1991.

„Unsere Müllabfuhr"
von Wolfgang Schleicher / Marida Hines / Gisela Fischer. Pestalozzi-Verlag, Erlangen 5. Aufl. 1992.

„Ene mene . . . Müll"
von Wolfgang Metzger. Ravensburger Buchverlag Otto Maier.
Für jüngere Kinder.

„Der Müll-Maharadscha"
von Colin Thompson. Lappan Verlag, Oldenburg 1992.

„Meine Welt soll schöner sein"
von Mariette Vanhalewijn / Rita van Bilsen. Verlag Herder, Freiburg, Basel, Wien 1984.

„Ulli und die Umwelt"
von Gertrude Maurer / Bruno Wegschneider. Jugend und Volk Verlagsgesellschaft, Wien – München 4. Aufl. 1990.

„Unsere Wohnstraße"
von Ina und Walter Etschmann. Lappan Verlag, Oldenburg 1993.

„Ein Garten für Kinder in der Stadt"
von Gerda Muller. Ravensburger Buchverlag Otto Maier 1988.

„Rettet unsere Erde"
von David Saville / George Fryer. Verlag Meisinger, München 1992.
Ein Kaleidoskop-Bilderbuch.

„Die Erde gehört uns nicht. Wir gehören der Erde."
von Susan Jeffers. Carlsen Verlag, Hamburg 1992.
Die Botschaft des Indianerhäuptlings Chief Seattle.

„Mein erstes großes Umweltbuch"
von Angela Wilkes. Tessloff Verlag, Nürnberg 1991.

Aus der Reihe: **„Der Guckkasten“** im Saatkorn-Verlag, Hamburg:
„Das Wasser“
von Paul Fekkes / Lydia van Andel / Ineke van Sijil, 1984.
„Das Papier“
von Rein van Koppenhagen / Lydia van Andel / Ineke van Sijil, 1990.

Aus der Reihe: **„Der rote Faden“** im Dr. Hans Peters Verlag, Hanau, Salzburg, Bern:
„Ton“
von Annabelle Dixon / Ed Barber. 1990.
„Wasser“
von Brenda Walpole / Ed Barber. 2. Aufl. 1990.
„Holz“
von Terry Jennings / Ed Barber. 1991.
„Kunststoffe“
von Terry Cash / Ed Barber. 1991.

Bildmappen

„Alle Jahre wieder saust der Preßlufthammer nieder oder die Veränderung der Landschaft“
von Jörg Müller. Verlag Sauerländer, Aarau 1973.

„Hier fällt ein Haus, dort steht ein Kran und ewig droht der Baggerzahn oder die Veränderung der Stadt“
von Jörg Müller. Verlag Sauerländer, Aarau 1976.

Vorlese-, Mal-, Bastel- und Naturerlebnisbücher
„Wir und unser Wasser“
„Wir und unsere Umwelt“
„Wir und unsere Natur“
„Wir schützen die Natur“
von Frank Ruprecht / Claus-Peter Hutter. Hoch im Thienemanns Verlag, Stuttgart und Wien 1992. Mit Genehmigung der Akademie für Natur- und Umweltschutz beim Ministerium für Umwelt Baden- Würtemberg.
Als Hardcover oder Paperback erhältlich.

Geschichte zum Vorlesen

„Tröpfel fällt aus allen Wolken“
von Klaus W. Hoffmann. Patmos Verlag, Düsseldorf 1993.
Abenteuerliche Umweltgeschichten und Lieder für Kinder

Bücher für Erzieher

„Wenn der Welt die Luft ausgeht
... und Kinder Angst vor der Zukunft haben“
von Maya Schmitz-Peick. Patmos Verlag, Düsseldorf 1993.

„Lieder von der Natur“
von Dorothée Kreusch-Jacob / Michèle Lemieux. Ravensburger Buchverlag Otto Maier 1988.

„Wieviel Lieder weiß der Wind“
Neue Umweltlieder für aufgeweckte Menschen. Schwann im Patmos Verlag, Düsseldorf 1991.

„Unsere Welt muß grün bleiben“
von John Elkington / Julia Hailes / Douglas Hill / Tony Ross. C. Bertelsmann Verlag, München 1991.
Handbuch für junge Umweltschützer.

„Das Umwelt-Buch“
von Richard Spurgeon. ars edition, München 1989.

„Kinder machen 50 starke Sachen, damit die Umwelt nicht umfällt“
von Burghard Bartos / Birgit Thoenes. Carlsen Verlag, Hamburg 1991.
Auch als Taschenbuch erhältlich bei dtv junior, München.

„Unsere Umwelt“
von Gertrude Maurer. Jugend und Volk Verlagsgesellschaft, Wien 1983.

„Umweltbuch für Kinder“
von Barbara Veit / Hans-Otto Wiebus / Susanne Becker. Ravensburger Buchverlag Otto Maier 1991.
Umweltverschmutzung und was man dagegen tun kann.

Aus der Reihe: **„Kindertagesstätte“** im Don Bosco Verlag, München:
„Umwelterziehung“
von Josef Herderer, 1992.

„Wasser = Leben“
von Frederic Vester / Peter Schimmel. Ravensburger Buchverlag Otto Maier 1987.
Ein kybernetisches Umweltbuch mit 5 Kreisläufen des Wassers.

Aus der Reihe: **„Mittendrin“** von Markus Schächter, im Wolfgang Mann-Verlag, Berlin:
„Ohne Wasser läuft nichts“
„Die Erde hat kein dickes Fell“
„Geht der Luft die Puste aus?“ 1990.
„Eine Abfuhr für den Müll“ 1992.

„Umweltspiele noch und noch“
von Almuth und Manfred Bartl. Verlag Herder, Freiburg, Basel, Wien 3. Aufl. 1992.

„Erlebnisraum Wald“
von Hildegard Schmidbauer / Josef Herderer. Don Bosco Verlag, München 1992.
Praktische Umwelterziehung in Kindergarten und Grundschule.

Aus der Reihe: **„Mein erstes Buch“** im Tessloff Verlag, Nürnberg:
„Mein erstes Buch vom Wasser“
von Linda Martin, 1991.
„Mein erstes Buch von der Luft“
von Phil Wilkinson, 1991.

„Mein kleines Baumbuch“
von Lars Klinting. Verlag Friedrich Oetinger, Hamburg 1991.

„Der Kinder Brockhaus“
in vier Bänden
Bearbeitet von Marcus Würmli. F.A. Brockhaus, Mannheim, Leipzig 1992.

„Gärten für Kinder“
von Alex Oberholzer / Lore Lässer. Verlag Eugen Ulmer, Stuttgart 1991.
Naturnahe Schul- und Familiengärten

„Naturgärten“
von Jürgen Kleeberg. Verlag Eugen Ulmer, Stuttgart 1989.

Aus der Reihe: **„Was ist was“** im Tessloff Verlag, Nürnberg:
„Der Regenwald“
von Andrea Mertiny / Rainer Zieger / Gerry Scot, 1991.

Geschichten

Auf der Hasenheide, oder: Kleine Hilfe, großer Dank

Schön ist es in der Hasenheide. Wunderschön. Einerlei, zu welcher Jahreszeit man sie durchwandert.

Ob der singende Frühlingswind an zartgrünen Birkenzweigen zaust und zupft. Ob die leuchtende Junisonne sämtliche Besenginster in funkelnde Goldruten verzaubert. Ob alle Heidebüsche ihr herbstliches lila Festkleid tragen. Oder ob alles unter winterlich weißer weicher Schneedecke versinkt. Es ist ganz gleich. Immer ist es wunderschön in der Hasenheide.

In der Mitte der Heide – auf einer kleinen Anhöhe – steht eine uralte knorrige Kiefer. Eine übellaunige knarrende Kiefer. Struppiggrün und unfrisiert. Und doch – sie ist die Königin der Hasenheide.

Und der Heidehasen. Vor allem um die Osterzeit herum. Dann scheint die alte Kiefer Treffpunkt aller Heidehasen zu sein.

In der letzten Vollmondnacht vor dem Osterfest feiern die Heidehasen ein großes Hasenfest, erzählen manche Mütter ihren kleinen Kindern. Die Häschen halten sich bei den Pfoten und tanzen, einen Kreis bildend, rund um die alte Kiefer, um die Königin der Hasenheide. Immer rund herum.

Doch es werden jedes Jahr weniger Heidehasen. Fragt mal den Förster, warum das so ist. Er wird euch erzählen, daß wir – die Menschen – die Schuld daran haben.

Immer näher kommen die Felder an die Hasenheide heran. Auch die Häuser des Dorfes sind nicht mehr allzuweit entfernt. Und mit den Häusern die Menschen, die Hunde, die Katzen, die Pferde.

Die Heidehasen mögen die Menschen nicht. Auch nicht die Haustiere. Schon gar nicht die Unrast, die diese alle verbreiten.

Die Heidehasen mögen es friedlich. Sie mögen den singenden Heidewind, die wärmende Mittagsruhe. Und sie mögen das schläfrige Knarren der alten Kiefer.

Schön ist es auf der Hasenheide. Jeder schöne Sommertag ist auch Hasenheide-Sommertag.

Genau das dachten Anika und Daniel. Und sie beschlossen, der alten Kiefer und den Heidehasen einen Besuch zu machen.

Rasch waren die Fahrräder aus dem Schuppen geholt, und – hui! – schon radelten die beiden aus dem Ort hinaus, hinauf zur Hasenheide.

Ach, es war wunderbares Fahrrad- und Hasenheidewetter. Die Sonne wärmte die Haut, den weißen Sandweg, das struppige Heidekraut, und sie leuchtete mit dem Gold des blühenden Ginsters um die Wette.

Die Kinder fuhren ein Stück in die Heide hinein. Dann stiegen sie von den Rädern und ließen sie am Wegrand liegen. Zu Fuß zur alten Kiefer hinzulaufen war einfacher – und viel schöner.

Riesige Käferscharen schienen zu Besuch im

Aus:
„In Sachen Spiel und Feier“, Deutscher Theaterverlag, Höfling Verlag Weinheim.

Anmerkungen
Eigene Ideen
Notizen

Heidekraut, rötliche, tiefgrüne oder nachtblaue fliegende Diamanten im Licht. Eine Unzahl wilder Bienen summte das Ginsterblütenlied. Und die Heidelerchen tirilierten voller Lebensfreude.
Aus einem Ginsterbusch sauste ein graubrauner Heidehase hervor. Mit langen Hasensprüngen flitzte er auf dem weißen Sandweg dahin. Verschwand irgendwo in der grünen, wilden Heide.
„Ein Hase, ein Hase!" Mit ebensolchen fröhlichen und langen Hasensprüngen hopsten Anika und Daniel den kleinen Heidehügel zur alten Kiefer, zur Königin der Hasenheide, hinauf und ... standen starr. Starr und still und stumm. Wie Puppen in einem Schaufenster. Oder wie Figuren in einem Park.
Nein, das durfte nicht wahr sein! Das war doch nicht möglich! Sahen sie denn richtig? Wer nur war so gemein gewesen, so ungezogen? Hier inmitten der wunderschönen Hasenheide unter der alten Kiefer, unter der die Heidehasen in den Vollmondnächten vor Ostern ...
Daniel krauste die Nase. Grimmig schob er die Unterlippe weit vor. Das machte er immer, wenn er sich ärgerte. Anika traten Tränen in die Augen. Ach, solche bodenlose Gemeinheit!
Einige leere Bierdosen, zerbeulte Brausedosen, zerschnittenes Kunststoff-Wurstpapier, weiße Plastiklöffel und eine zerknüllte Brötchentüte. Reste eines Picknicks! Der Heideplatz unter der alten Kiefer war eine kleine Müllhalde!
Und wo ein Anfang gemacht worden war, da kam meistens schnell etwas hinzu. Bald würden leere Farbeimer, schwarzschmierige Öltöpfe, alte Gläser oder sonst etwas dazugeworfen werden.
Warum nur waren manche Menschen so sehr gemein? Sahen sie denn die Goldfunkenkäfer nicht? Hörten sie nicht die Bienen summen, die Lerchen jubilieren? Hatten sie keine Ehrfurcht vor der uralten Heidekiefer? Am liebsten hätte Daniel einer der unschuldigen Blechdosen einen festen Tritt versetzt. Doch was hätte das genutzt? Die alte Dose wäre nur weit in die Heide hineingeflogen und verrostet. Womöglich hätte sich einer der letzten Heidehasen an dem Rostding verletzt.
Nein, besser war, den Frühstücksmüll einzusammeln und mitzunehmen. Der kleine Heidehügel sollte kein Schandfleck sein.
Anika betrachtete die zerknüllte Brötchentüte. Genauso sahen die Tütenknuddel aus, die sie – Anika – an Samstagen von den eigenen Tüten machte. Gleich nach dem Einkauf bei Bäckerei Mohn.
Bäckermeister Mohn schrieb auf die Tüten bestellter Sonntagsbrötchen den Namen des Käufers. Sollte etwa ...? Das wäre zu schön, um wahr zu sein.
Anika hob den Papierknuddel auf, strich ihn vorsichtig auseinander, da ...!
Siebenstück – 8 Brötchen, stand auf der Tüte. Siebenstück! Anika jubelte. „Siebenstücks haben hier gepicknickt! Ah, diese Ferkelfamilie! Miststücks sollten sie lieber heißen! Na, diese Siebenstücks sollen ein Wunder erleben!"
Daniel kramte bereits in der Jackentasche. Die Kinder trugen meistens einen alten Einkaufsbeutel bei sich. Man konnte ja nie wissen. Mal waren es leere Schneckenhäuser, mal besonders geformte Steine, mal lustige Eichenpiepen, mal sonst etwas, das sich lohnte, nach Hause mitgenommen zu werden.
Heute allerdings nicht. Heute nahmen sie den Müll der Familie Siebenstück mit heim. Aus dem Telefonbuch würden sie die Straße heraussuchen, um diesen Siebenstücks den Müll vor das Haus oder vor die Wohnung zu stellen.
Hier ist Ihr Müll, Herr oder Frau Siebenstück, würden sie freundlich sagen. Sie haben Ihren Müll draußen in der Hasenheide vergessen, würden sie sagen. Und noch freundlicher werden. Wir sind von der Kindergruppe „Naturfreunde", und uns gefällt Müll in der Hasenheide überhaupt nicht.
Uns auch nicht, würden Herr und Frau Siebenstück wahrscheinlich sagen. Und sich bedanken. Und entschuldigen und sagen, sie hätten den Müll tatsächlich vergessen. Was natürlich nicht stimmte. Und dann würden alle Siebenstücks sich gewaltig schämen. Hoffentlich!
Die wichtige Brötchentüte, die Dosen und der Kunststoffmüll verschwanden in dem Einkaufsbeutel. Nun war der Platz unter der alten Kiefer wieder schön. So schön wie immer.
Knarrend neigte sich der alte Baum im Heidewind. Danke, rauschte es durch das struppige Grün. Danke. Doch die Sprache der alten Heidekönigin konnten nur die letzten Heidehasen verstehen.

Irmgard Rühe

Anmerkungen
Eigene Ideen
Notizen

Peter der Schneckenretter

Peter geht spazieren.
Er geht ganz allein.
Weit hinter ihm schieben Oma und Mama den Kinderwagen mit der neuen kleinen Schwester.
Peter hat einen Stock. Er schlägt mit dem Stock an die Telegraphenmasten. Einmal links, einmal rechts.
Da sieht Peter eine Schnecke.
Eine Schnecke mit schwarz-weiß geringeltem Schneckenhaus, die über den Weg kriecht.
Peter bleibt stehen.
Er hebt die Schnecke auf.
Die Schnecke zieht ihre Fühler ein und verschwindet in ihrem schwarz-weiß geringelten Schneckenhaus.
„Ich tu' dir doch nichts", sagt Peter.
Er setzt die Schnecke in die Wiese.
„Sonst wirst du überfahren", sagt er.
Ein paar Schritte weiter findet Peter wieder eine Schnecke und noch eine und noch eine.
Peter hebt sie alle auf: die schwarz-weiß geringelten, die braun-weiß gestreiften, die gelben und die braunen.
Er setzt sie alle in die Wiese.
Oma und Mama reden. Die passen nicht auf, ob Schnecken über den Weg kriechen.
Zwei Schnecken kriechen aufeinander zu. Ihre Fühler berühren sich. Vor und zurück bewegen sich die Fühler. Vor und zurück.
Peter bleibt stehen.
„Was gibt's?" fragt die Mutter.
Peter zeigt auf die Schnecken.
„Die reden miteinander", sagt die Mutter.
Sie weicht mit dem Kinderwagen den Schnecken aus.
Die Oma wuschelt Peters Haare.
Als sie nach Hause gehen, sind schon wieder Schnecken auf dem Weg.
Peter schimpft mit ihnen. „Wollt ihr zertreten werden? Oder überfahren?"
Die Schnecken hören nicht auf ihn.
Peter sammelt die Schnecken ein.
Er trägt sie nach Hause.
Daheim füllt er eine Schuhschachtel mit Gras und Blättern aus dem Vorgarten. Dann setzt er die Schnecken hinein. Er stellt die Schuhschachtel auf den Kinderzimmertisch.
„Jetzt kann euch nichts passieren", sagt er.
Als Peter am Morgen aufwacht, ist nur eine einzige winzige Schnecke in der Schuhschachtel.
Alle anderen sind weg.
Über den Tisch zieht sich eine glitzernde Spur.
Eine Schnecke hängt kopfunter an der Tischplatte.
Eine Schnecke kriecht über den Bettvorleger.
Eine Schnecke sitzt unter dem Stuhl.
Eine Schnecke liegt im Blumentopf.
Peter sammelt die Schnecken wieder ein.
Er weiß nicht, wie viele es waren.
Er hat Angst, fest aufzutreten.
Er sucht sehr lange.
Sogar auf seinem Pullover ist eine Schnecke.
Er setzt sie auf seine Hand.
Die Schnecke kriecht über die Hand.
Das ist ein komisches Gefühl.
Die Mutter öffnet die Zimmertür.
„Vorsicht!" schreit Peter.
Die Mutter sieht die Schuhschachtel mit den Schnecken.
Sie sieht die Schnecke, die über Peters Hand kriecht.
Sie hilft Peter suchen.
Sie findet eine Schnecke oben auf dem Schrank.
Eine Schranksteiger-Schnecke.
„Wir müssen sie zurück auf die Wiese tragen", sagt die Mutter.
„Aber sie rennen immer auf die Straße!" sagt Peter.
„Hier verhungern sie", sagt die Mutter. „Schnecken sind keine Haustiere. Die müssen wieder hinaus ins Freie."
Die Schnecke auf Peters Hand kriecht immer höher.
Sie hat schon fast die Fingerspitze erreicht.
„Wir suchen eine große Wiese aus", sagt die Mutter. „Mit schönem, saftigem Gras. Komm, zieh dich schnell an."
Peter schluckt.
Dann nickt er.
„Aber die größte Wiese auf der ganzen Welt!" sagt er.

Renate Welsh

Aus:
„Das Kindernest",
Verlag Herder,
Wien.

Weitere Geschichten siehe Heft 6, Seite 8 und Seite 22.

Anmerkungen
Eigene Ideen
Notizen

Text: Brüder Grimm
Ausgestaltung aus:
Rel. päd. Praxis
1985/2, S. 6 ff/RPA
Verlag Landshut.

Märchen

Die Bienenkönigin

Erzähltext

Zwei Königssöhne gingen einmal auf Abenteuer und gerieten in ein wildes, wüstes Leben, so daß sie gar nicht wieder nach Hause kamen. Der Jüngste, welcher der Dummling hieß, machte sich auf und suchte seine Brüder: Aber wie er sie endlich fand, verspotteten sie ihn, daß er mit seiner Einfalt sich durch die Welt schlagen wollte, und sie zwei könnten nicht durchkommen und wären doch viel klüger. Sie zogen alle drei miteinander fort und kamen an einen Ameisenhaufen.

Mit den Fingern die Trommel leise schlagen (Ameisen).

Die zwei Ältesten wollten ihn aufwühlen und sehen, wie die kleinen Ameisen in der Angst herumkröchen und ihre Eier forttrügen, aber der Dummling sagte: „Laßt die Tiere in Frieden, ich leid's nicht, daß ihr sie stört.“ Da gingen sie weiter und kamen an einen See, auf dem schwammen viele, viele Enten.

Mit dem Glockenspiel „Wasser“ spielen.

Die zwei Brüder wollten ein paar fangen und braten, aber der Dummling ließ es nicht zu und sprach: „Laßt die Tiere in Frieden, ich leid's nicht, daß ihr sie tötet.“
Endlich kamen sie an ein Bienennest,

Mit den Kindern wie Bienen summen.

darin war so viel Honig, daß er am Stamm herunterlief. Die zwei wollten Feuer unter den Baum legen und die Bienen ersticken, damit sie den Honig wegnehmen könnten. Der Dummling hielt sie aber wieder ab und sprach: „Laßt die Tiere in Frieden, ich leid's nicht, daß ihr sie verbrennt.“

Endlich kamen die drei Brüder in ein Schloß, wo in den Ställen lauter steinerne Pferde standen, auch war kein Mensch zu sehen, und sie gingen durch alle Säle, bis sie vor eine Tür ganz am Ende kamen, davor hingen drei Schlösser; es war aber mitten in der Türe ein Lädlein, dadurch konnte man in die Stube sehen. Da sahen sie ein graues Männchen, das an einem Tisch saß. Sie riefen es an, einmal, zweimal, aber es hörte nicht: Endlich riefen sie zum dritten Mal, da stand es auf, öffnete die Schlösser und kam heraus. Es sprach aber kein Wort, sondern führte sie zu einem reichbesetzten Tisch; und als sie gegessen und getrunken hatten, brachte es einen jeglichen in sein eigenes Schlafgemach. Am anderen Morgen kam das graue Männchen zu dem Ältesten, winkte und leitete ihn zu einer steinernen Tafel, darauf standen drei Aufgaben geschrieben, wodurch das Schloß erlöst werden könnte. Die erste war: In dem Wald unter dem Moos lagen die Perlen der Königstochter, tausend an der Zahl,

Perlen auf ein braunes Tuch streuen.

die mußten aufgesucht werden, und wenn vor Sonnenuntergang noch eine einzige fehlte, so ward der, welcher gesucht hatte, zu Stein. Der Älteste ging hin und suchte den ganzen Tag. Als aber der Tag zu Ende war, hatte er erst hundert gefunden; es geschah, wie auf der Tafel stand, er ward in Stein verwandelt.
Am folgenden Tag unternahm der zweite Bruder das Abenteuer. Es ging ihm aber nicht viel besser als dem Ältesten. Er fand nicht mehr als zweihundert Perlen und ward zu Stein.
Endlich kam auch an den Dummling die Reihe; der suchte im Moos, es war aber so schwer, die Perlen zu finden, und es ging so langsam. Da setzte er sich auf einen Stein und weinte. Da kam der Ameisenkönig, dem er einmal das Leben erhalten hatte, mit fünftausend Ameisen,

Trommelbegleitung.

und es währte gar nicht lange, so hatten die kleinen Tiere die Perlen gefunden. Die zweite Aufgabe aber war, den Schlüssel zu der

Anmerkungen
Eigene Ideen
Notizen

Schlafkammer der Königstochter aus dem See zu holen. Wie der Dummling zum See kam, schwammen die Enten, die er einmal gerettet hatte, heran, tauchten unter und holten den Schlüssel aus der Tiefe.

Glockenspielbegleitung, ein Kind holt den Schlüssel.

Die dritte Aufgabe aber war die schwerste: Aus den drei schlafenden Töchtern des Königs sollte die jüngste und die liebste herausgesucht werden. Sie glichen sich aber vollkommen und waren durch nichts verschieden, als daß sie, bevor sie eingeschlafen waren, verschiedene Süßigkeiten gegessen hatten; die Älteste ein Stück Zucker, die zweite ein wenig Sirup, die Jüngste einen Löffel voll Honig. Da kam die Bienenkönigin von den Bienen, die der Dummling vor dem Feuer geschützt hatte und versuchte den Mund von allen dreien; zuletzt blieb sie auf dem Mund sitzen, der Honig gegessen hatte, und so erkannte der Königssohn die rechte.
Da war der Zauber vorbei, alles war aus dem Schlaf erlöst, und wer von Stein war, erhielt seine menschliche Gestalt wieder. Und der Dummling vermählte sich mit der Jüngsten und Liebsten und ward König nach ihres Vaters Tod; seine zwei Brüder aber erhielten die beiden andern Schwestern.

Eine Krone wird in die Mitte abgelegt, jedes Kind darf einmal aus dem Honigtopf schlecken.

Material zur Erzählung und Gestaltung

Braunes Tuch; blaue und grüne Tücher; rote Bänder; große Kieselsteine; eine Schale mit kleinen Perlen; einen Schlüssel; ein Topf mit Honig; große goldene Kugeln und Bausteine; goldene Krone; Glockenspiel und Tommel.

Beispiele zur Gestaltung und Erzählung, die beliebig weiter ausgestaltet werden können

● In der Mitte des Kreises ein braunes Tuch wie einen Hügel ausbreiten;
dazu Assoziationen wecken: Erde – Haufen – Hügel.
Augen schließen: Erdhügel sehen;
was ist innen, unten, was krabbelt darauf?
Mit den Händen kleine Tiere spielen.

● Blaue Tücher rundherum ausbreiten, Assoziationen wecken: Wasser, Himmel, See.
Augen schließen: Wasser sehen, Teich, Tiere, die darin sind, die darauf schwimmen;
Spiel mit den Händen: Wasser, Tiere im und auf dem Wasser.

● Rundherum grüne Tücher wie Bäume aufstellen, dazwischen mit den Bändern Blumen legen. Assoziationen: Wald, Wiese, Blumen.
Augen schließen: Wald – Blumen sehen, Tiere in den Bäumen, Tiere, die die Blumen besuchen.
Spiel mit dem Glockenspiel oder mit der eigenen Stimme: Tiere in den Bäumen oder auf den Blumen nachahmen

● Einen kleinen Stein einem Kind in die Hand fallen lassen.

● Versteinertsein spielen – mit den Händen – mit dem ganzen Körper.

● Durch eine zarte Berührung (Feder) die Versteinerung lösen.

● Große Steine rundherum legen.

● Mit Bausteinen und goldenen Kugeln die ganze Gestaltung einrahmen.

● Assoziationen: Krone – Schloß – Edelstein

● Von einem Kind einen Schlüssel unter ein blaues Tuch verstecken lassen.

Reim

Der Baum

In unserer Straße stand ein Baum
mit kleinen raschelnden Blättern im Wind.
Ich hab' ihn schon immer von weitem
entdeckt –
ein Zeigefinger, in den Himmel gestreckt,
schlank und hoch, wie Pappeln es sind.

Gestern haben sie ihn gefällt.
Gefällt, zerschnitten weggeführt.
Ob der Baumstumpf noch etwas spürt?
Siebzehn Ringe hab' ich gezählt.
Der heurige Jahresring fehlt.

Ich fragte mich: Warum in der Welt
haben sie die Pappel gefällt?
Jemand hat mir zur Antwort gegeben:
„Sie hat die Nachbarin gestört,
der ein gepflegter Garten gehört.
Der Rasen war nicht mehr eben,
die Baumwurzeln haben den Boden gewellt –
und deshalb haben sie die Pappel gefällt ..."

Das war der einzige Grund.
Dabei war die Pappel gesund!

Georg Bydlinski

Georg Bydlinski, in: Jutta Modler (Hrsg.), „Brücken bauen", Verlag Herder, Wien.

Lieder

Blumen wollte ich dir pflücken

Text: Renate Lüber / Melodie: Bernd Seitz

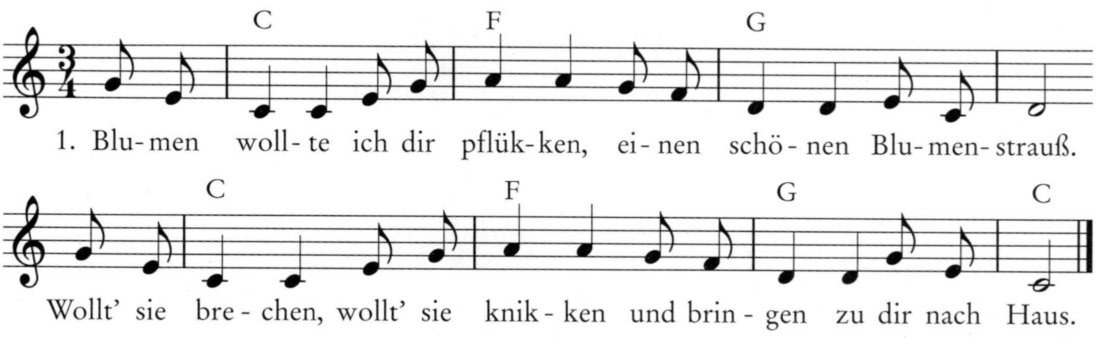

2. Doch als ich mich bücken wollte,
dachte ich o nein, o nein!
Lieber laß ich sie da stehen
und lauf ganz schnell zu dir heim.

3. Komm, ich zeig' dir meine Blumen
auf der bunten Wiese dort.
Komm, ich will mich mit dir freuen
über diesen schönen Ort.

4. Ja, wir lassen diese Blumen
lieber auf der Wiese stehn,
denn, wenn wir sie pflücken würden,
müßten sie zu schnell vergehn.

Eine Handvoll Erde

Text: Reinhard Bäcker / Melodie: Detlev Jöcker

2. Auf der Erde kannst du stehen –
stehen, weil der Grund dich hält,
und so bietet dir die Erde
einen Standpunkt in der Welt.
In die Erde kannst du pflanzen –
pflanzen einen Hoffnungsbaum;
und er schenkt dir viele Jahre
einen bunten Blütentraum.
Eine Handvoll Erde ...

3. Auf der Erde darfst du leben –
leben ganz und jetzt und hier,
und du kannst das Leben lieben,
denn der Schöpfer schenkt es dir.
Unsere Erde zu bewahren –
zu bewahren, das, was lebt,
hat Gott dir und mir geboten,
weil er seine Erde liebt.
Eine Handvoll Erde ...

Anmerkungen
Eigene Ideen
Notizen

Aus: MC und Liedheft: „Heut ist ein Tag, an dem ich singen kann ...“

Anmerkungen
Eigene Ideen
Notizen

Das Lied von den schlechten Gärtnern

Text: Barbara Cratzius /
Melodie: Holger Kiesé

Aus:
„Das Spiel vom großen Garten", hkm 102

Melodie 1

Melodie 2

Mel. 1 Deine Blumen, deine Bäume
hast du, Herr, für uns erdacht.
Doch was haben deine Kinder
Jahr für Jahr daraus gemacht?

Mel. 2 Eure Knospen, liebe Bäume,
sind verwelkt und werden braun.
Liebe Vögel, wollt ihr Nester
in den kahlen Zweigen bau'n?

Mel. 1 Zugemauert ist die Erde,
harter Asphalt, rauher Stein.
Und es dringt für eure Wurzeln
nicht mehr Tau noch Regen ein.

Mel. 2 Ach, es saugen eure Blätter
Staub und Gase mühsam ein.
Selten glänzt durch dunkle Wolken
schöner warmer Sonnenschein.

Mel. 1 Dehnen wollten sich die Stämme,
Ring um Ring wohl Jahr für Jahr.
Doch wir waren schlechte Gärtner,
es wird uns jetzt offenbar.

Mel. 2 Seht – da liegt nun unser Garten,
ob die Tür noch offen steht?
Laßt uns heute pflegen, hüten,
morgen ist es schon zu spät!

Manuelles Gestalten

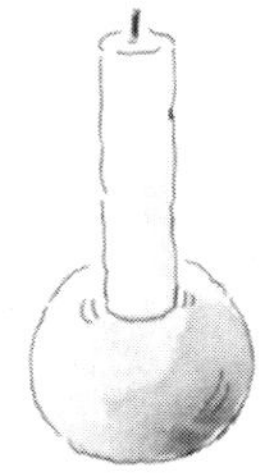

Modellieren

Wir modellieren mit Ton, den wir z.B. in einer Töpferei erhalten. Hierbei beginnen wir mit einfachen Formen.

Kerzenständer
Aus einer Kugel, in die wir eine Kerze eindrücken. Da man den Schwund berücksichtigen muß, sollte diese Kerze etwas größer sein als die, die später in den Kerzenständer kommt.

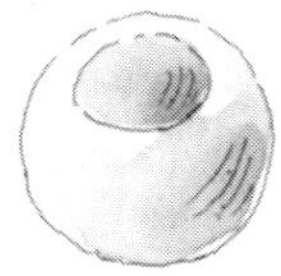

Gefäß
Auch hier dient die Kugel als Grundform, in die wir mit den Fingern eine Mulde drücken.

Kreuz
Wir fertigen ein Kreuz aus zwei Tonstreifen.
Auf die Rückseite kommt eine kleine Einbuchtung zum Aufhängen.

Geburtstags- und Adventskranz
Aus einer dicken „Wurst", die wir zu einem Ring legen.
Die zusammentreffenden Enden werden ineinander verstrichen.
Auch hier bei den Kerzenlöchern an den Schwund denken.

Becher
Aufbautechnik mit „Würsten". Zur Hilfe dient ein mit Gips gefüllter, mit Folie umhüllter und umgedrehter Joghurtbecher. Um diesen Becher wird, mit dem Boden beginnend, das Gefäß mit einer langen „Wurst" bzw. „Würsten" geformt.

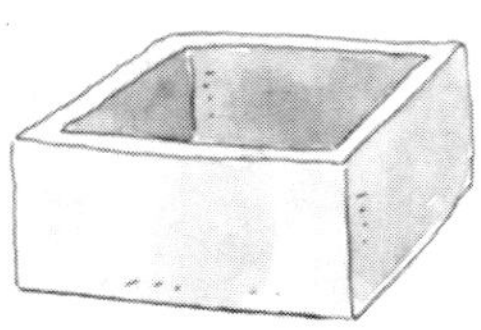

Gefäß
Aus Platten gefertigt. Hierbei werden ausgeschnittene Tonplatten zusammengesetzt und miteinander verstrichen.
Die Platten kann man mit Blättern, Holzstäbchen, Kronenkorken usw., usw., die in den weichen Ton gedrückt werden, verzieren.

Es ist oft ausreichend, wenn die Tonwerke nur gebrannt werden. Dies kann in einer Töpferei, einer Schule oder einem Bastelgeschäft geschehen. Wenn noch zusätzlich Glasur erwünscht ist, sollte diese Arbeit von Erwachsenen übernommen werden.

Basteln

Schwimmente
Laubsägearbeit für ältere Kinder

Material: Sperrholz 8 – 10 mm dick, Rundsägeblätter Nr.3.
a) Schwimmscheibe mit ca. 15 cm Durchmesser.
b) Ente ca. 18 x 18 cm.
Die Ente wird von den Kindern aufgemalt. Den Kiel malt die Erzieherin dazu.
Den Schlitz in der Schwimmscheibe, durch den der Kiel später gesteckt wird, u.U. von einem Fachmann oder Vater aussägen lassen. Das Loch im Kiel eventuell mit Handbohrer durchbohren.
Die Ente und die Schwimmscheibe sägen die Kinder aus.
Als Anker kann ein Stein in einem Stoffbeutel dienen. Manchmal findet man an Flußufern auch Kieselsteine mit Loch.

Windspiel
Material: Rundholzstab, Bänder, Muscheln mit eingebohrtem Loch, Knöpfe, Glöckchen, Glas- und Holzperlen...
Auf die Bänder werden die Muscheln, Knöpfe, Glöckchen usw. genäht. Die Perlen werden auf Schnüre aufgezogen und dann im Wechsel Bänder und Perlenschnüre am Stab festgebunden. Der Stab wird so aufgehängt, daß der Wind die Bänder und Schnüre bewegen und Geräusche erzeugen kann.

Wald
Material: Karton (eventuell Verpackungsmaterial) und Wachsfarben oder Buntstifte zum Bemalen.
Die Bäume werden auf den Karton aufgemalt, ausgeschnitten (immer doppelt) und angemalt. Wenn man dann die beiden Teile eines Baumes ineinandersteckt, kann er stehen.

Anmerkungen
Eigene Ideen
Notizen

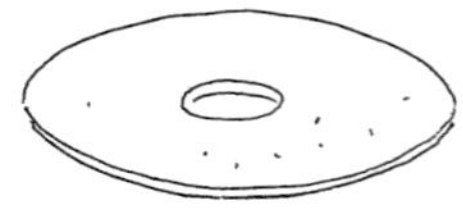

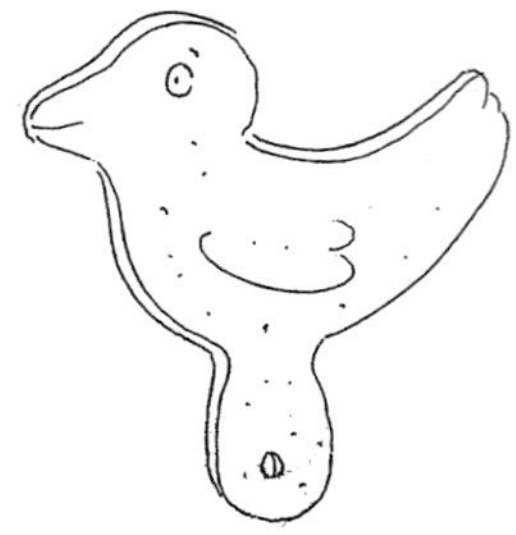

Anmerkung der Redaktion: